W0370001

Archäologie in Seen und Mooren

KTV

Helmut Schlichtherle, Barbara Wahlster

Archäologie in Seen und Mooren

Den Pfahlbauten auf der Spur

Konrad Theiss Verlag

CIP-Kurztitelaufnahme der Deutschen Bibliothek

Schlichtherle, Helmut:
Archäologie in Seen und Mooren: d. Pfahlbauten auf d. Spur / Helmut Schlichtherle; Barbara Wahlster.
– Stuttgart: Theiss, 1986.
ISBN 3-8062-0435-7

NE: Wahlster, Barbara:

© Konrad Theiss Verlag GmbH, Stuttgart 1986
Alle Rechte vorbehalten
ISBN 3-8062-0435-7
Satz und Druck: Gulde-Druck GmbH, Tübingen
Buchbinder: Spiegel-Buch, Ulm

Printed in Germany

Inhalt

Vorwort

So mancher, der Oberschwaben besonders gut zu kennen glaubt, weiß nicht, daß in den zahlreichen Mooren uralte Siedlungen liegen. Auch am Bodensee kennen Einheimische und Touristen in der Regel nur die Rekonstruktionen des Unteruhldinger Freilichtmuseums. Ahnungslos gleiten sie mit ihren Booten über die Pfahlfelder, die zumindest in den Sommermonaten den Blicken entzogen sind. Im Gegensatz zu den sichtbaren und uns geläufigen Baudenkmalen aus jüngeren Epochen haben es archäologische Denkmale, besonders wenn sie unter Wasser oder im Moor verborgen liegen, weitaus schwerer, das Interesse auf sich zu lenken.

Vor einigen Jahren ist nun die Erforschung der Pfahlbausiedlungen Südwestdeutschlands wieder in Angriff genommen worden. Dieses bebilderte Sachbuch soll zum einen Einblick in die laufenden Forschungen gewähren und vor allem die Methoden darstellen, mit denen in Mooren und Seen Funde gehoben und wichtige Daten gesammelt werden, zum anderen aber auch die Fülle an Erkenntnismöglichkeiten veranschaulichen, mit denen sich die Zusammenhänge zwischen Mensch und Umwelt in vorgeschichtlicher Zeit erschließen lassen.

Schließlich ist seit über 50 Jahren kein populäres Buch mehr über die Pfahlbauten Südwestdeutschlands geschrieben worden. Zudem kann nicht oft genug unterstrichen werden, wie sehr die Fundplätze in unserer Zeit gefährdet sind. Nicht nur die See- und Moorlandschaften in ihrer Schönheit gilt es zu erhalten, sondern auch den Bestand einmaliger und deshalb besonders wertvoller »Archive« zur Kultur- und Landschaftsgeschichte zu sichern.

Unser Dank gilt dem Konrad Theiss Verlag für das Zustandekommen und die gute Ausstattung des Buches, seinen Mitarbeitern G. Süsskind und R. Bisterfeld für die vertrauensvolle Zusammenarbeit.

T. Leonhardt fertigte einen Großteil der Grafiken, weitere Zeichnungen stammen von H. Gruschkus und A. Kalkowski. Das Archiv des Landesdenkmalamtes Baden-Württemberg stellte freundlicherweise die Grabungsbilder und Geländeaufnahmen zur Verfügung. Den Wissenschaftlern des Forschungsprojekts, Dr. A. Billamboz, Dr. B. Dieckmann, Dr. E. Keefer, Dr. M. Kokabi, Dr. H. Liese-Kleiber und Dr. M. Rösch sowie den Taucharchäologen E. Köninger, M. Kolb und G. Schöbel verdanken wir zahlreiche Anregungen. Sie ermöglichten es uns, auch unpublizierte Ergebnisse ihrer aktuellen Forschung in dieses Buch miteinzubeziehen.

H. Schlichtherle
B. Wahlster

Pfahlbauten – ein Phänomen rund um die Alpen

Wer denkt bei dem Wort »Pfahlbauten« nicht an plätscherndes Wasser rings um malerische Gebäude, an Holzgeruch, Boote und aufgespannte Fischernetze, an eine eigentümlich mit dem Wasser verwobene Lebensweise und an ferne, exotische Abenteuer? Daß es so etwas in grauer Vorzeit auch bei uns gegeben haben soll, erhöht die Faszination solcher Vorstellungen ganz erheblich. Die versunkene Welt der Pfahlbauten in Mitteleuropa ist seit dem vorigen Jahrhundert stets aufs neue Gegenstand öffentlichen Interesses und wissenschaftlicher Anstrengung.

Ein eigener Zweig der archäologischen Forschung, die Siedlungsarchäologie, findet in diesen Ufer- und Moorsiedlungen eine einmalige Quelle zur Erforschung längst vergangener Kulturen der Jungsteinzeit und der Bronzezeit. Unter Abschluß von Luftsauerstoff haben sich hier organische Materialien über Jahrtausende hervorragend erhalten. Die günstigen Voraussetzungen für die Konservierung beschränken sich nicht auf die berühmten Fundplätze in der Schweiz und in Baden-Württemberg. Rings um den Fuß der Alpen, in Bayern wie in Österreich, in Jugoslawien, Norditalien und Ostfrankreich hatten Siedler unterschiedlichster kultureller Prägung eine merkwürdige Vorliebe dafür entwickelt, ihre Häuser auf nassem, überflutungsgefährdetem Baugrund am Rande der Seen zu errichten. Die ältesten Stationen aus der norditalienischen »Bocca-Quadrata-Kultur«, aus der mittelschweizerischen »Egolzwiler« und aus der oberschwäbischen »Aichbühler Kultur« werden auf 4500–4200 v. Chr. datiert. Um 850 v. Chr., nach mehr als 3000 Jahren, gingen die letzten Pfahlbausiedlungen im Voralpengebiet unter.

Erste Landwirtschaft

Die Siedler in den Seen und Mooren gehörten nicht zu den ältesten Ackerbauern Europas. Bereits mehr als 1000 Jahre früher waren Bevölkerungsgruppen der »Linearbandkeramik« in den fruchtbaren Lößgebieten des Neckarbeckens, entlang der Donau und am Oberrhein seßhaft geworden. Die Grundlagen ihrer neuen Lebensweise, die Kenntnis des Hausbaus, der Töpferei, des Steinschliffs ebenso wie Haustiere und Kulturpflanzen übernahmen sie aus dem südosteuropäischen Raum. Von dort kamen Ackerbau und Viehzucht, – ursprünglich im Vorderen Orient um den »Fruchtbaren Halbmond« entstanden –, donauaufwärts bis ins Pariser Becken. Ein anderer Ausbreitungsweg der neuen Errungenschaften der Jungsteinzeit (Neolithikum) führte entlang den Mittelmeerküsten nach Italien und Frankreich bis zum südlichen Alpenrand und rhôneaufwärts ins Schweizer Mittelland.

Abb. 1 Die beiden Ausbreitungswege der bäuerlichen Wirtschaftsform des Neolithikums vom Entstehungsgebiet um den »Fruchtbaren Halbmond« (A) nach Süd- und Mitteleuropa. Der eingezeichnete Bereich um die Alpen (B) entspricht dem Kartenausschnitt von Abb. 2.

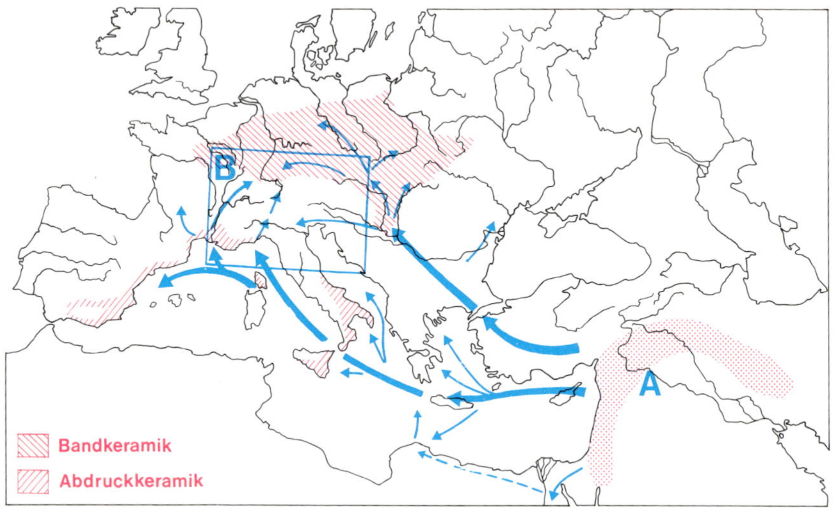

Abb. 2 Satellitenfoto der Alpenregion, mit bedeutenden Fundgebieten der Pfahlbauforschung:

1 Federsee, 2 Oberschwaben, 3 Bodensee, 4 Thurgau, 5 Greifensee/Pfäffikersee, 6 Zürichsee, 7 Zugersee, 8 Baldeggersee, 9 Wauwiler-Moos, 10 Burgäschisee, 11 Bieler See, 12 Murtensee, 13 Neuchâteler See, 14 Genfer See, 15 Lac de Chalain, 16 Lac de Clairvaux, 17 Lac d'Annecy, 18 Lac de Bourget, 19 Viverone/Piverone, 20 Lago di Varese/Monato/Lagozza, 21 Lago di Garda, 22 Lago di Ledro/Fiave, 23 Lago di Fimon, 24 Laibacher Moor, 25 Mondsee, 26 Attersee, 27 Starnberger See.

Kulturkontakte

Erst die Nachfolgekulturen dieser Pioniere rückten mit ihren Siedlungen in die Feuchtgebiete und Seen vor, wo bisher die Jäger der Mittelsteinzeit (Mesolithikum) ideale Möglichkeiten für Fischfang und Vogeljagd gefunden hatten. Vielleicht entstanden gerade aus dem Aufeinandertreffen solcher Jäger- mit Ackerbaukulturen die ersten Ufer- und Moorsiedlungen.
Das deutsch-schweizerische Grenzgebiet nimmt zur Lösung der Frage nach Kulturkontakten eine besondere Stellung ein, weil sich hier die beiden Ausbreitungswege des Neolithikums kreuzten. So kam es zu einem frühen Schmelztiegel der Kulturen: Donauländische Prägung am Bodensee und in Oberschwaben neben vorherrschend mittelmeerisch-westeuropäischem Einfluß im Schweizer Mittelland bis zum Zürichsee ergeben ein kulturgeographisch hochinteressantes Gebiet voller Verquickungen.

Das Gesicht der Landschaft

Entscheidend am geologischen Aufbau Oberschwabens wirkten die alpinen Gletscher, die in den Kälteperioden den größten Teil des Gebietes mehrfach überfahren haben. Die letzte Ausformung der Landschaft ging vom Rheingletscher (ab 100000 vor heute) aus. Als er sich am Ende der Eiszeit, ca. 15000 Jahre vor heute, ins Alpeninnere zurückzog, hinterließ er im Eisstromnetz mitgerissen und in Form von zahlreichen Hügeln abgelagert, gewaltige Kiesmassen. Vor den Gletschern bildeten sich Schmelzwasserrinnen und riesige Schotterfächer. Das Bodenseegebiet war im Zentrum des Gletschers zu einem tiefen Becken und damit zum zentralen nacheiszeitlichen Wassersammler ausgeschürft worden. Bis heute markieren Endmoränenzüge, z.B. nördlich von Bad Schussenried, wie weit das Eis in Richtung Donau vorgestoßen war; gleichzeitig bilden sie die Grenze des voralpinen Hügel- und Moorlandes. Als das Eis abtaute hinterließ es im unruhigen Relief der Landschaft zahlreiche aufgestaute Gewässer, von denen heute fast nur noch Moore übriggeblieben sind. Der unaufhaltsame Verlandungsprozeß war bereits in vollem Gange, als hier die jungsteinzeitlichen Siedler ihre ersten Dörfer errichteten. Sie waren rings von Urwäldern umgeben, und nichts erinnerte mehr an die Kältesteppen der ausgehenden Eiszeit; das Klima während der Jungsteinzeit dürfte anfangs sogar milder gewesen sein als heute.

Mehr als 100 Siedlungen

Allein am vielverzweigten deutschen Bodenseeufer sind mehr als 70 Siedlungsplätze nachgewiesen worden; weitere 24 Stationen befinden sich am Schweizer Ufer. Am Federsee wurden inzwischen mehr als zwölf Dorfanlagen entdeckt. In den kleinen Seen und Mooren Oberschwabens verbirgt sich noch einmal etwa ein Dutzend Siedlungen. Außerhalb des ehemals vergletscherten Bereichs hat nur die gut erhaltene Dorfanlage von Ehrenstein im Blautal der Schwäbischen Alb Bedeutung, und über die Moorsiedlungen bei Donaueschingen und im Rottal weiß man nur wenig Erhellendes. Nicht zu vergessen ist, daß es gleichzeitig mit den Feuchtbodensiedlungen auch Dorfanlagen auf trockenen Mineralböden und auf Höhenzügen gab.

Abb. 3 Verbreitungskarte der Ufer- und Moorsiedlungen in Südwestdeutschland (schwarz) sowie im angrenzenden schweizerischen Gebiet (weiß). Die Züge der Endmoränen markieren die jeweils maximale Ausbreitung des Gletschers in der vorletzten (A) und letzten (B) Eiszeit.

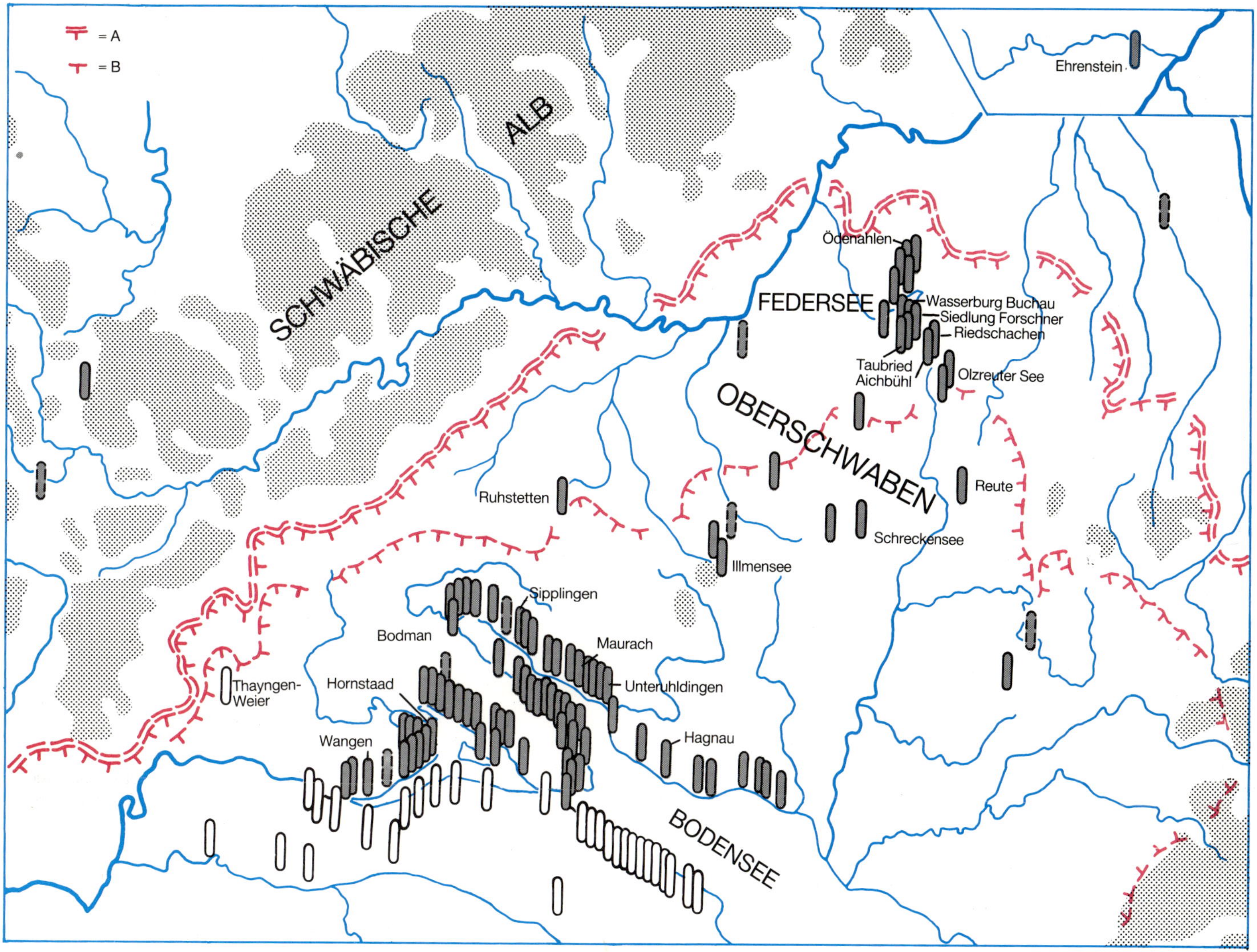

= A
= B
SCHWÄBISCHE
ALB
FEDERSEE
OBERSCHWABEN
BODENSEE
Ehrenstein
Ödenahlen
Wasserburg Buchau
Siedlung Forschner
Riedschachen
Taubried
Aichbühl
Olzreuter See
Reute
Schreckensee
Illmensee
Ruhstetten
Sipplingen
Bodman
Maurach
Unteruhldingen
Hornstaad
Thayngen-Weier
Wangen
Hagnau

Seit 130 Jahren sind die Pfahlbauten bei uns Gegenstand wissenschaftlichen Interesses; sie faszinierten die Öffentlichkeit, inspirierten Schriftsteller und Maler und machten Seen und Moore Südwestdeutschlands weit über die Grenzen des Landes hinaus bekannt. Mit ihrer Entdeckung beginnt nördlich der Alpen eines der schillerndsten Kapitel in der Geschichte der Archäologie. Diese relativ junge Wissenschaft hatte sich bis dahin hauptsächlich auf die klassischen Quellen des griechischen und römischen Altertums konzentriert, und hätte nicht im 19. Jahrhundert ein verstärktes Interesse an der eigenen, lokalen Vergangenheit eingesetzt, dann wären die Relikte aus der Jungsteinzeit und der Bronzezeit weiterhin verborgen geblieben. Fast 6000 Jahre hatten sie dank der günstigen Erhaltungsbedingungen im feuchten Uferbereich und in den Mooren erstaunlich unbeschadet überlebt. Diese Kulturreste aus einer ganz anderen, fast ins Unvorstellbare entrückten Zeit zogen doppelte Aufmerksamkeit auf sich: wissenschaftliche Gründlichkeit ebenso wie romantische, phantasievolle Deutungen, zu denen das Fremde und Unbekannte immer Anlaß gegeben hat – und heute noch gibt.

Pioniere der Forschung

Ob in der Schweiz oder in Süddeutschland, der Beginn dessen, was als Pfahlbauforschung verstanden wird, ähnelt sich in beiden Ländern:

– Winterliche Niedrigwasserstände in den Seen brachten Pfahlköpfe und Funde zum Vorschein; sie erleichterten die Begehung sonst überfluteter Uferbereiche, wo Angeschwemmtes aufgesammelt werden konnte.

– Das Stechen von Brenntorf in den Mooren legte unverhofft Siedlungsspuren frei.

– Andernorts gaben Gewässerkorrekturen den entscheidenden Anstoß.

Zunächst jedoch waren es interessierte, durch und durch neugierige und unbeirrt arbeitende Laien, von denen die erste Kunde zu den Gelehrten gelangte. Lehrer Johannes Aeppli aus Obermeilen am Zürichsee zum Beispiel schloß in seiner Fundmeldung von 1854, es handele sich um »Überbleibsel menschlicher Thätigkeit, die geeignet seien, über den frühesten Zustand der Bewohner unserer Gegend unerwartetes Licht zu verbreiten«.

Sucher- und Finderstolz, systematische Verbissenheit wie geduldige Ausdauer, vor allem Begeisterungsfähigkeit, zeichnet jene Amateurforscher aus, die es bis heute am Bodensee und in den Gemeinden Oberschwabens gibt. Ohne ihre Hilfe fehlten den Wissenschaftlern häufig genug maßgebliche Details, Stücke, ohne die das Puzzle der jungsteinzeitlichen und bronzezeitlichen Kulturen im Voralpengebiet nicht zusammenzusetzen wäre. Für die Pionierphase am Bodensee gehören vor allem W. Schnarrenberger (Gymnasialprofessor), A. Steudel (Diakon), E. v. Tröltsch (Major a. D.), K. Haßler (Oberstudienrat) und Th. Lachmann (Medizinalrat) genannt – nicht zu vergessen: Kaspar Löhle (Bauer und Ratsschreiber). Noch bevor irgendjemand überhaupt von Pfahlbauten sprach, machte er sich auffallend oft am See zu schaffen und meldete 1856, zwei Jahre nach den Schweizer Entdeckungen, die entscheidenden Hinweise auf frühe Siedlungsreste in Wangen. Er begann sogleich mit zahlreichen Grabungen, erstellte In-

Abb. 4 Wendelin Knecht, genannt Jockele Wendel, mit Angehörigen beim »Altertümer graben« in der Bucht von Bodman (1903). Eine der wenigen Fotografien aus der Pionierzeit der Pfahlbauforschung am Bodensee.

Abb. 5 Erste Ausgrabungen in den Schussenrieder »Pfahlbauten« am Federsee (1875). Lithographie nach E. Frank.

ventare und Fundberichte und organisierte sorgfältig verpackte Fundsendungen gegen gutes Geld in alle Welt.

Noch im ersten Entdeckungsjahr war das magische Wort gefallen, als Ferdinand Keller, der Altmeister der schweizerischen Kulturwissenschaft in seinem Manuskript zum ersten Pfahlbaubericht die folgenschwere Frage stellte: »ob das frühere Geschlecht hier zu ebener Erde, auf trokkenem, wiewohl sandigem und lettigem Uferboden gewohnt habe, oder, ob man annehmen dürfte, das Pfahlwerk habe ursprünglich, wie gegenwärtig im See gestanden, aber auch bei höchstem Stande desselben über das Wasser hervorgeragt, und die Hütten der hier Niedergelassenen seien auf der Höhe des Pfahldammes wie auf einer Art Brücke errichtet gewesen.« Was hier noch als Frage anklingt, sollte sich bald schon als unumstößliche Tatsache in den Köpfen festsetzen.

Ungenügende Grabungsmethoden

Bei ihrem unermüdlichen Einsatz für die Pfahlbauforschung gingen die ersten Ausgräber mit ganz einfachen Methoden und Hilfsmitteln vor. Freilich beabsichtigten sie auch keine schichtgenaue Bergung des Fundmaterials, wenn sie nach den überall begehrten Objekten buddelten. Bei Niedrigwasser gruben sie Löcher in den Seegrund, schichteten den Aushub ringsum zu einem Damm auf und wühlten bis über beide Ellbogen im Morast. Hinterlassen haben sie dabei ein allgemeines Durcheinander, mit dem nach heutigen Kriterien nicht mehr allzu viel anzufangen ist.

Da man nicht die geringste Ahnung hatte, wo diese Funde zeitlich auszusiedeln waren, verlegte man sie kurzerhand in »vorrömische«, und das hieß dann soviel wie keltische Zeit. Daß wir es durchweg mit Siedlungen aus der Jungsteinzeit und der Bronzezeit zwischen 4200 und 800 v. Chr. zu tun haben ist eine sehr viel jüngere Erkenntnis.

Gleichwohl war man bald durch eine Flut von Meldungen in Korrespondenzblättern über die Existenz dieser Bauten auf Pfählen bestens informiert, jedenfalls so gut, daß Oberförster Eugen Frank 1875, als er beim Torfabstich im Federseemoor auf Scherben, Knochen und Hölzer stieß, erstaunlich vorsichtig zu Werke ging. 1874 wurden die Abtorfungsflächen zum industriellen Abbau neu organisiert, ein Anlaß, den er nutzte, um einen »Plan vom großen Ried« erstellen zu lassen. Grabungs- und Fundstellen sind darin verzeichnet. Anders als die Mehrzahl seiner Kollegen zögerte er jedoch bei einer allzu endgültigen Interpretation des Materials. Wie man sich die Bauten vorzustellen hat, wie sie wirklich konstruiert worden waren, nennt er »das unleserlichste Blatt des ganzen, vor uns liegenden Buchs vorgeschichtlichen Lebens«.

Phantasievolle Ordnung

Der Sammlerlust und Klassifizierfreude im vergangenen Jahrhundert verdanken wir vorbildliche Unternehmungen. So gründete 1870 Ludwig Leiner das Rosgartenmuseum Konstanz und stattete es mit einer bedeutenden Pfahlbausammlung aus; der Bodensee Geschichtsverein nahm sich ab 1868 der unmittelbaren Heimatgeschichte an. Er veröffentlichte 1872 die erste mehrfarbige Karte, in der Pfahlbauten verzeichnet waren. Mitglieder des Württembergischen Anthropologischen Vereins wie Freiherr Eugen v. Tröltsch beteiligten sich an Grabungen am Bodensee und regten das Interesse auch überregionaler Institutionen und Vereinigungen an.

Nicht nur das Wissen und die Funde verteilten sich in Windeseile über die Welt, sondern auch die phantasievollen Ausschmückungen des Themas. Daß ein so altes, allein deshalb schon bedeutendes Kulturerbe buchstäblich aus dem Wasser auftauchte, noch dazu ohne alle schriftlichen Quellen und Belege, öffnete der Legendenbildung Tür und Tor. Die bildnerischen Ausgestaltungen des Mythos – z. T. wahre Monumentalschinken, aber auch Historienmalerei niedlichster Art – zeigen, worauf besonderes Augenmerk gerichtet wurde: exotisch anmutendes Dorf- und Gemeinschaftsleben mit kriegerischen, halbnackten Männern und sanften, fleißigen Frauen, Fischfangszenen, speerbewaffnete Kleinkinder und immer wieder zusammenstehende, von Wasser umgebene Hütten auf pfahlgetragenen Plattformen, schneebedeckte Berge im Hintergrund vervollständigen das Idyll.

Exotische Anleihen

Eine der Inspirationsquellen für derartige Visionen ist unschwer zurückzuverfolgen, hat doch Ferdinand Keller selbst darauf hingewiesen, daß ihm die Reisebeschreibungen des französischen Forschers Jules Dumont d'Urville samt Illustrationen bekannt waren. Er bezieht sich ausdrücklich auf die darin beschriebenen Pfahlbauten im

Abb. 6 Romantische Nachempfindung der Pfahlbaustation Konstanz-Rauenegg. Ölgemälde von A. Seder (1881). Rosgartenm.

Abb. 7 Pfahlbauidylle. Fresko von K. v. Häberlin (1887). Kreuzgang Inselhotel, Konstanz.

Westen Neuguineas sowie auf eine Schilderung von James Cook aus Neuseeland. Beide Berichte handelten von großen, pfahlgetragenen Häusern im Wasser. Wohl unter dem Eindruck der dichten Pfahlfelder in den Schweizer Seen wurden aus den Gemeinschaftshäusern Neuguineas bei Keller großflächige Plattformen, auf denen er sich die einzelen Häuser dachte.

Zur selben Zeit publizierten illustrierte Zeitungen für jedermann zugängliche Artikel über fremde Länder, andere Sitten. Erstmals rückten Fotografien die Kolonien aus dem Fabelhaften in wirkliche Nähe. Ähnlich anschaulich, nachvollziehbar und lebendig sollte Geschichte sein. Was also lag näher, wenn nicht eine Summierung all dessen, was man bereits kannte? Hier läßt sich eine seltsame, für das 19. Jahrhundert recht typische Verquickung beobachten: Nüchterner Forschertrieb verbunden mit schwärmerischer Begeisterung konstruieren neue Fakten über eine bislang unbekannte Vergangenheit. Vor allem die eigene Zeit spiegelt sich darin sehr deutlich wider. War nicht bis dahin der Wilde erschreckend und faszinierend zugleich? Und war man hier nicht mittendrin, in der Geschichte der eigenen Wildheit, um sie vor dem interessierten Auge des Gebildeten ein für allemal umzudeuten als Wurzel beginnender Zivilisation oder als fernes Forschungsobjekt? Wie von selbst ergaben sich die Parallelen zu fremden Völkern. Sie wurden kurzerhand mit den steinzeitlichen Kulturen auf eine Stufe gestellt und bildeten die Folie für alle möglichen Projektionen nach rückwärts.

Auch die literarischen Verarbeitungen des »Pfahlbaustoffes« machen das deutlich. Sie spielen mit dem archaischen Schauer und überlegenen »Stolz des Culturmenschen« angesichts so unzivilisierter Verhältnisse. Zahlreiche Jugend-

Abb. 8 Ausgrabungsplan der Schussenrieder Pfahlbauten von E. Paulus und O. Fraas (1875). Die blaue Kolorierung der freien Flächen zwischen Prügellagen und Hausgrundrissen macht deutlich, daß man an Gebäude im Wasser dachte.

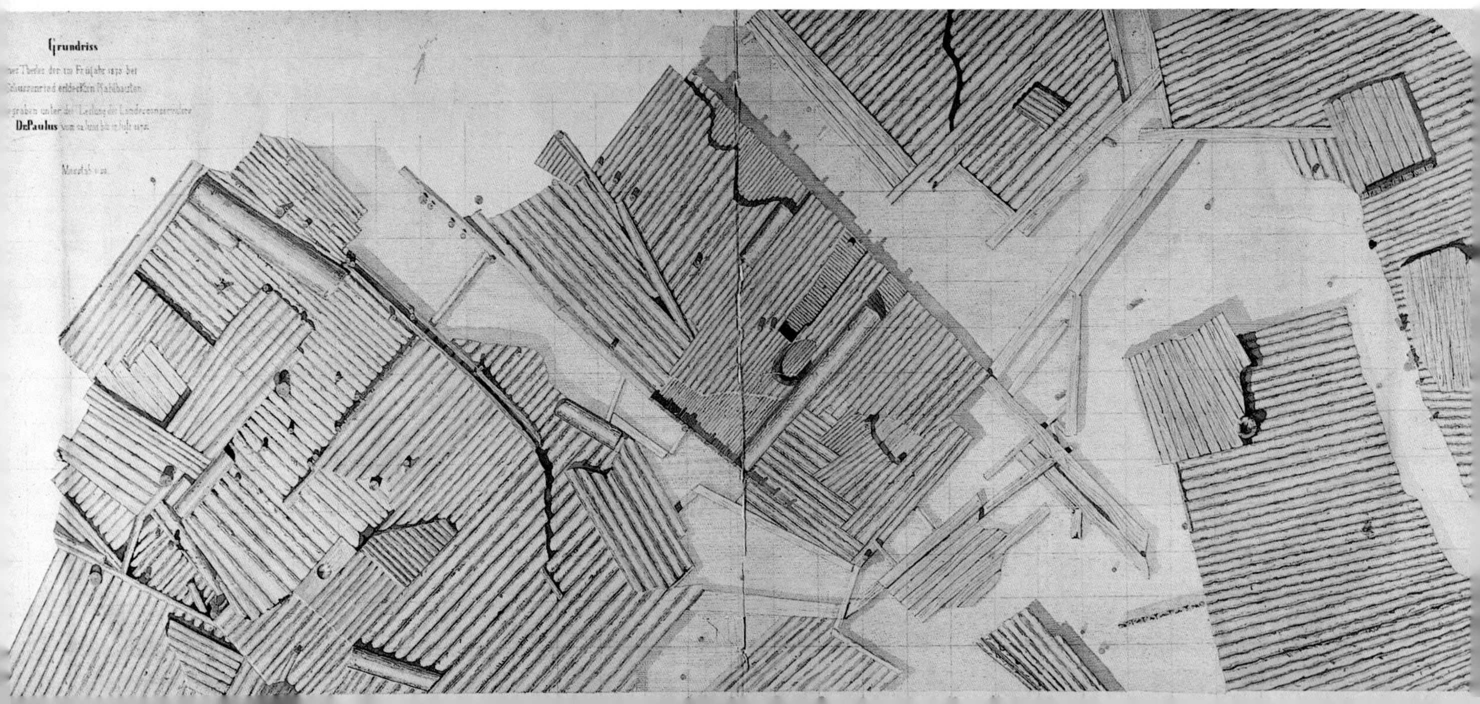

Der Pfahlmann.

Dichtqualmende Nebel umfeuchten
Ein Pfahlbaugerüstwerk im See
Und fern ob der Waldwildniß leuchten
Die Alpen in ewigem Schnee.

Ein Mann sitzt auf hölzernem Stege
In Felle gehüllt, denn es zieht;
Er schnipft mit der Feuersteinsäge
Ein Hirschhorn und summelt sein Lied:

„Da seht mein verschwollen Gesichte
Und seht wie bei Durchzug und Wind

Abb. 9 Faksimile aus Viktor v. Scheffels »Gaudeamus« (1857), gek.

bücher schildern den allmählichen Einzug der Zivilisation durch Leistung und Zufall und deuten Fortschritt auch als Quelle des Bösen. D. F. Weinland kleidete in seinem »Rulaman« eine Steinzeitsippe ins Gewand von Familie und Vaterland. Bekannt unter dem Pseudonym Sonnleitner stellte A. Tluchor in »Die Höhlenkinder« männlichen Pioniergeist und weibliches Einfühlungsvermögen einander gegenüber, getreu den Geschlechtervorstellungen des beginnenden 20. Jahrhunderts. Sogar ein als Satire auf die ganze »Pfahlbauerei« gemünzter Roman des Ästhetik-Professors F. Th. Vischer mit dem Titel »Auch einer« wurde binnen kurzem zum Bestseller.

Es bleibt dabei

Die Frage, wie denn diese Häuser nun wirklich konstruiert gewesen sein mögen, wurde weitgehend vernachlässigt. Unsystematische Grabungstechniken, überhaupt die Arbeit in schwierigem, noch dazu überflutungsgefährdetem Gebiet, verhinderten verwertbare, zur Rekonstruktion der Bauten so dringend nötige Befunde. Als man 1875 im Federseemoor die ersten steinzeitlichen Häuser freilegte, da beherrschte immer noch das Bild vom Pfahlbaudorf auf Plattformen sämtliche Vorstellungen.

Auch angesichts ebenerdiger Hausfußböden mochte man lange nicht daran glauben, daß an verschiedenen Standorten auch unterschiedliche, den Erfordernissen des Untergrundes jeweils angepaßte Bauformen entwickelt worden sein könnten.

Abb. 10 Erste Pfahlbaurekonstruktion. Lithographie nach F. Keller (1854).

Abb. 11 Siedlung an der Doreh-Bai, Neuginea. Lithographie aus D'Umont d'Urville (1827).

Abb. 12 Pfahlbaudorf am Bodensee. Holzstich von G. Gagg (1875).

Pfahlbautheorie

Bis man endlich festen, wissenschaftlich gesicherten Boden unter die Füße bekam sollten an die 50 Jahre vergehen, auch wenn bereits E. Frank und Oskar Fraas im Federseemoor auf Befunde gestoßen waren, die auf alles andere als auf bodenfreie Bauweise hindeuteten. 1877 warf Eduard Paulus die Bezeichnung »Moorbauten« in die Debatte; aufeinanderfolgende Schichten von Holz- und Lehmfußböden hatten den Schweizer J. Messikommer an aufgestapelte Fundamentierungen, an »Packwerkbauten« denken lassen. Selbst vor der Annahme, die Häuser hätten auf Flößen errichtet sein können, schreckte man nicht zurück. Unangetastet blieb dagegen die legendäre Plattform-Konstruktion der Bodenseesiedlungen. Die regelrechten Pfahlwälder, um 1900 zählte E. v. Tröltsch allein in Sipplingen 50000 Pfahlköpfe, boten sich wie von selbst als Erklärung für die dazu nötigen vermeintlichen Stützpfeiler an.
Modifiziert und systematisch erforscht wurden all diese doch recht hypothetischen Vorstellungen im Laufe der ersten großen Siedlungsgrabungen in den zwanziger Jahren am Federsee. Neben dem mehrfachen Nachweis eindeutig ebenerdig errichteter Moordörfer glaubte man nur in einem Fall, in Riedschachen I, noch an Pfahlhäuser – auf Einzelplattformen und mit nur geringer Bodenfreiheit. Als dieses Ergebnis auf die großen Seen des Alpenvorlandes übertragen wurde, waren die wissenschaftlichen Dispute für und wider pfahlgetragene Siedlungen vorprogrammiert; eine Auseinandersetzung, die um so heftiger war, als es im Umfeld der Pfahlbauforschung auch um nationales und politisches Selbstverständnis ging.

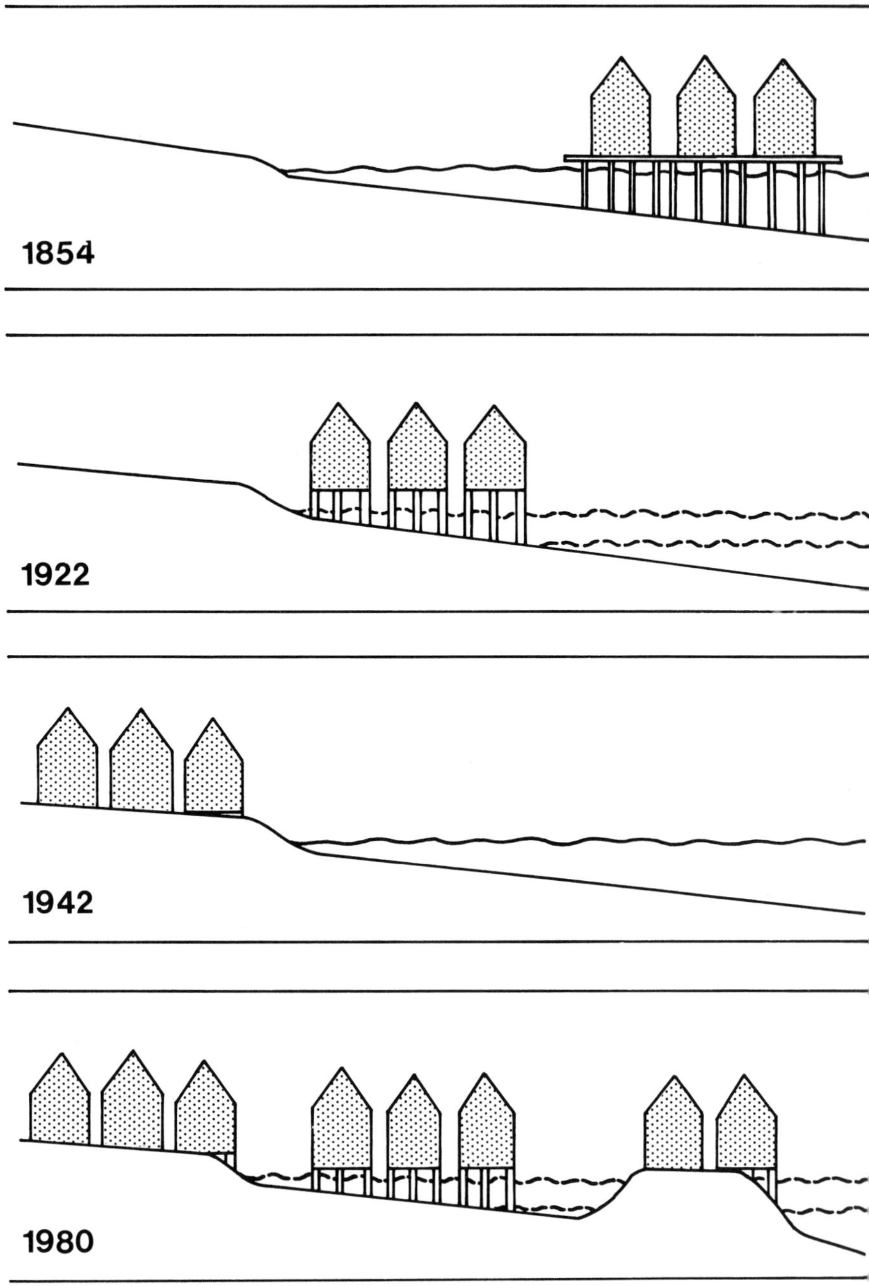

Abb. 13 Im Verlauf der Forschungsgeschichte wurden verschiedene Hypothesen zur Rekonstruktion der Pfahlbauten entwickelt: 1854 stellte sich F. Keller in Zürich die Siedlungen auf einer gemeinsamen Plattform im offenen Wasser errichtet vor.
1922 modifizierte H. Reinerth in Tübingen diese Pfahlbautheorie; die Siedlungen seien am Ufer errichtet gewesen und jeweils nur bei Hochwasser vom See erreicht worden.
Ab 1942 propagierte O. Paret in Stuttgart die Pfahlbauten als romantischen Irrtum.
Auch E. Vogt in Zürich hält ab 1953 die Existenz von Pfahlbauten in Mitteleuropa für unbewiesen. Die Siedlungen seien ebenerdig am Ufer errichtet gewesen.
Erst die moderne internationale Forschung seit 1970 hat erwiesen, daß es neben ebenerdigen Ufersiedlungen tatsächlich auch Pfahlbausiedlungen gegeben hat, die am überschwemmungsgefährdeten Ufer lagen oder von Inseln aus in den See hinausterrassiert wurden.

Die großen Grabungen der zwanziger Jahre

Der Begründer des Urgeschichtlichen Forschungsinstituts der Universität Tübingen, Robert Rudolf Schmidt, unternahm mit seinem Assistenten Hans Reinerth und weiteren Wissenschaftlern von 1919 bis 1930 die entscheidenden Schritte, dem Moor das Geheimnis der Hausböden und Baukonstruktionen zu entreißen. Etwas Handfestes, Meßbares und Nachvollziehbares wollten sie dem bis dahin üblichen Run auf die Funde entgegensetzen. Erstmals wurden ganze Siedlungen systematisch ausgegraben, maßstabgetreu dokumentiert und fotografisch exakt aufgenommen. Für ein Jahrzehnt rückte das Federseemoor in den Mittelpunkt der internationalen siedlungsarchäologischen Forschung.

Alles in allem deckten die Tübinger Wissenschaftler 25000 m² Moorfläche auf, über 100 Häuser der Jungsteinzeit und Bronzezeit eingeschlossen. Allein in »Aichbühl« kamen 23 gleichorientierte Gebäude mit ihren Vorplätzen ans Tageslicht. Im benachbarten »Riedschachen« stießen sie ebenfalls auf ebenerdige Gebäude, die über den Resten eines älteren Dorfes errichtet worden waren. Für dieses vermutete man eine leicht abgehobene Pfahlbauweise. Im »Taubried« und im »Dullenried« stieß H. Reinerth bei weiteren Grabungen ebenfalls auf jungsteinzeitliche Dörfer. Von besonderer Bedeutung war die Entdeckung der »Wasserburg Buchau«, einer großen Siedlung der späten Bronzezeit. An deren Palisade hatte sich ein Bauer die Sense schartig geschlagen, weil Pfähle durch die Grasnarbe stießen. Die vielbeachtete Ausgrabung der Anlage fand zwischen 1921 und 1928 statt, letzte Nachuntersuchungen erfolgten 1937. Schon die Bezeichnung als »Wasserburg« zeigt, daß der Ausgräber sie für eine wehrhafte, von Wasser umgebene Inselsiedlung hielt. Die Annahme einer Torfinsel als Baugrund wurde zwar durch gleichzeitige Untersuchungen des Botanikers Karl Bertsch gestützt, warf jedoch erhebliche moorgeologische Probleme auf. Wieder einmal mischte sich ein Laie in die gelehrten Diskussionen ein: Oberförster Walter Staudacher aus Buchau, ein ausgezeichneter Kenner des Federseegebietes. Für ihn war nicht nur klar, daß man bei der Interpretation der »Wasserburg« einem Irrtum aufgesessen war, er negierte auch die Befunde der angeblich abgehobenen Häuser von Riedschachen. Seiner Meinung nach waren die Folgen der Sackung des Moores und der Abspülung der Siedlungsränder bei Anstieg des Seespiegels nicht ausreichend berücksichtigt worden, Versäumnisse, die ihm die Pfahlbauten am Bodensee ebenfalls zur Illusion werden ließen.

Im Bodensee selbst mit neuen Methoden an einer unberührten Siedlungsstelle zu graben, blieb lange Jahre ein Traum, bis im April 1929 H. Reinerth einen 22 × 22 m großen, doppelwandigen Ausgrabungskasten aus Holz in die Schlammschichten des Sees rammen ließ. Wassereinbrüche beeinträchtigten allerdings die Grabungsarbeiten in der jungsteinzeitlichen Siedlung, auch blieben im Innern der freigelegten Palisade Hausgrundrisse aus; lediglich Lehmansammlungen und Pfostenreihen ließen sich unsicher zu einigen Gebäuden verbinden. Torfartige Schichten sprachen für eine ehemalige Uferlage, ganze Teppiche angespülter Schneckenschalen jedoch für eine Ablagerung der Schichten unter Wasser. Die

1922 postulierten, nur bei Hochwasser von Wellen umspülten Uferpfahlbauten schienen gefunden. Eine Torfbildung konnten botanische Untersuchungen jedoch nicht bestätigen, und der Geologe Wilhelm Schmidle folgerte richtig, daß für eine trockenstehende Siedlung so weit draußen im See ein derartig niedriger Wasserstand angenommen werden müßte, »daß der Bodensee ein abflußloses Becken gewesen wäre«.

Krieg der Schulen

Die radikalsten und schärfsten Thesen gegen die Pfahlbauten wie auch gegen Reinerth selbst trug der Stuttgarter Archäologe Oskar Paret vor, der als Ingenieur auch Konstruktionsfachmann war. Seine Kritik entzündete sich ebenfalls an der Insellage der »Wasserburg Buchau«. Weitere Einwände lauteten: Holz sei im Wasser ein ungeeigneter Baustoff, Wassersiedlungen für Ackerbauern wenig einleuchtend, überhaupt zeuge die Beibehaltung der Pfahlbauidee von Romantisiererei. Während dieser hitzigen und polemisch vorgetragenen Debatten hielten Forscher aus der Schweiz getreulich an den alten, lieb gewordenen Vorstellungen aus dem 19. Jahrhundert fest: im Geschichtsverständnis des Landes waren sie tief verankert und aus seiner Folklore nicht mehr wegzudenken. Der leidigen Diskussion versuchte der Züricher Professor Emil Vogt erst 1954 mit seinen »Pfahlbaustudien« ein Ende zu setzen. Darin schwenkte er auf die einseitige Position O. Parets ein. Heute spielt diese Frage in der Forschung nur noch eine untergeordnete Rolle, denn inzwischen steht fest, daß es ebenerdige Siedlungen ebenso gegeben hat wie Pfahlbauten.

Ideologie und Forschung

Das Datum von Parets ketzerischen Ausführungen gegen die Pfahlbauromantik ist aufschlußreich, denn 1942 hatte die Wiederbelebung eines weitaus gefährlicheren Pfahlbaubildes Konjunktur. Paret attackierte eine Wissenschaft, die sich in den Dienst der Politik gestellt hatte. Als Leiter des »Amtes Vorgeschichte im Amt Rosenberg« setzte Reinerth seine Erkenntnisse ganz im Sinne der nationalsozialistischen Ideologie ein. Überdies war er Herausgeber der »Monatsschrift für Deutsche Vorgeschichte« mit dem Titel »Germanenerbe«. Darin wurden die erschreckendsten rassentheoretischen Überlegungen vorgetragen, immer wieder ausgewiesen als »auf den Ergebnissen Reinerths fußend«, Ergebnisse, die keine archäologische Grabung so je erbracht hat und die nur dazu dienten, die soziale, wirtschaftliche und kulturelle Vormachtstellung der nordischen Rasse zu untermauern. Das »Erbe« wurde kurzerhand neu erfunden. Gegen die Neolithisierung aus dem Donau- und Mittelmeerraum stellte man die »nordische Landnahme«, für deren höherstehende Kultur u. a. die Häuser von Aichbühl als Beweise dienen sollten. Die Grundlagen unserer Zivilisation aus dem Orient wurden – weil semitisch – auf diese Weise einfach weggeleugnet. Man muß die politischen Beweggründe bedenken, wenn man die wirre, oftmals fast lächerlich erscheinende Eindimensionalität der wissenschaftlichen Debatten um das »Pfahlbauproblem« ganz verstehen will.

Abb. 14 Ausgrabungscaisson in der Flachwasserzone vor Sipplingen (1929).

Abb. 15 Freilegung des Palisadensystems in der Wasserburg Buchau unter Mitwirkung des »Altertumsvereins Bad Buchau« (1927).

Abb. 16 Ausgrabung in der Siedlung Riedschachen (1920). Das hohe Gerüst ermöglichte Planfotografien ohne perspektivische Verzerrungen.

Abb. 17 Zwei freigelegte Hausgrundrisse mit verbundenen Vorplätzen in der Siedlung Aichbühl (1921).

Während vor allem in der Schweiz, aber auch in Italien und Frankreich große Anstrengungen unternommen wurden, die Pfahlbauforschung auf modernstem Niveau fortzusetzen und bedrohte Siedlungen zu retten, lag diese Forschungstradition in der Bundesrepublik seit dem Zweiten Weltkrieg nahezu brach. Als einzige hervorstechende Grabungsaktivität läßt sich die von O. Paret 1952 unternommene und von Hartwig Zürn 1960 fortgesetzte Ausgrabung der Siedlung Ehrenstein bei Ulm nennen. Der längst fällige Anschluß an internationale Bemühungen gelang letztlich erst mit den systematischen Bestandsaufnahmen des »Projekts Bodensee-Oberschwaben«, das 1979 vom Landesdenkmalamt Baden-Württemberg ins Leben gerufen wurde. Um überhaupt einen vollständigen Katalog der Feuchtbodensiedlungen aufstellen zu können, griffen die Wissenschaftler zu allen erdenklichen Mitteln. Auf Privatsammler und die mündliche Tradition aus den Tagen der Pionierzeit ihrer Zunft waren sie ebenso angewiesen wie auf alte Kartierungen und Beschreibungen ehemaliger Fundstellen. Da sich in der Zwischenzeit das Gelände erheblich verändert hat, half auch der Zufall, wenn freigespülte Pfahlköpfe im Bodensee oder Holzkohlestückchen in Maulwurfshügeln auf oberschwäbischen Wiesen auftauchten: fotografische Aufnahmen aus großer Höhe ließen Palisaden und Pfahlreihen im Wasser erkennen. Auch am Schreckensee und am Federsee sind Siedlungsstrukturen aus der Luft sichtbar.

Sondagen im Moor

Für die geplante Dokumentation über Anzahl, Umfang, wissenschaftliche Bedeutung und Zustand der Siedlungen genügten Probebohrungen und kleinere Grabungen. Schon wenige ausgehobene Quadratmeter in einem sinnvollen Raster über das Siedlungsareal verteilt führten seinen Erhaltungszustand vor Augen, und geborgene Funde erlaubten erste Datierungen.

Wenn im Sommer der Grundwasserspiegel in den Mooren absinkt, sind die prähistorischen Siedlungen ohne allzu große Schwierigkeiten zugänglich. Nur vereinzelt mußten die relativ kleinen, 2–20 m^2 großen Grabungsschnitte mit der Motorpumpe trockengelegt werden. Ansonsten verliefen die Sondagen am Schreckensee, am Federsee, im Musbacher Ried, am Olzreuter See und im Schorrenried bei Bad Waldsee ohne weitere Probleme. Wohl störten Stechmücken und Regen die Grabungshelfer, beschwerlicher war jedoch anhaltender Sonnenschein, weil sie dann beständig mit Plastikplanen und Gießkannen die freigelegten Hölzer und Schichten vor dem Austrocknen schützen mußten.

Bereits in der Erkundungsphase waren dem »Projekt Bodensee-Oberschwaben« naturwissenschaftliche Untersuchungen angeschlossen. Botanische Analysen, C14-Altersbestimmungen und eine dendrochronologische Vermessung der Holzproben ergänzten die archäologischen Aussagen. Nach Abschluß der Arbeiten im Sommer 1983 ließ sich der Bestand von etwa 100 Kulturdenkmalen in den Seen und Mooren Baden-Württembergs erstmals ganz überblicken. Trotz der erstaunlich hohen Zahl der wiederaufgefundenen Stationen zeige es sich, daß in sehr vielen Fällen ihre Zerstörung bereits weit fortgeschritten ist.

Abb. 18 Sondierbohrungen im südlichen Federseeried (1980). Der Federseeforscher E. Wall (links) bei der Begutachtung von Bohrkernen.

Abb. 19 Kleiner Grabungsschnitt im Umfeld der Siedlung Taubried (1980). Am Horizont die Randhöhen des Federseebeckens.

Abb. 20 Suche nach jungsteinzeitlichen Siedlungsresten auf einer Viehweide im Schorrenried (1981).

Abb. 21 Provisorische Schlämmanlage bei den Sondagen am Schreckensee (1979).

Abb. 22 Freilegung der Kulturschicht in Hornstaad (1985).

Abb. 23 Aufbau des Ausgrabungszeltes im Schutz eines Sandsackdamms in Wangen (1981).

Abb. 24 Bohrungen in der Flachwasserzone vor Allensbach (1982).

Abb. 25 Mobiles Ausgrabungscaisson im Flachwasserbereich vor Wangen (1981).

Sondagen am Bodensee

Anders als in den Mooren, kann man am Bodensee während der Sommermonate nicht arbeiten. Hier müssen die winterlichen Niedrigwasserstände abgewartet werden, und den Archäologen ergeht es so wie den Bewohnern der Region vor Tausenden von Jahren. Sie müssen sich auf Wasserspiegelschwankungen und Überflutungen einstellen; also gewöhnen sie sich an den See, passen sich an und werden erfinderisch. Vor allem die Grabungshelfer draußen brauchen dazu einen Schuß Abenteuerlust und Widerstandskraft. In den Wintermonaten kann man mit einem um 1–2 m niedrigeren Wasserstand rechnen, so daß der Uferbereich und die Flachwasserzonen begehbar sind – zumindest solange das Wetter stabil bleibt. Föhneinbrüche und frühzeitige Schneeschmelze in den Alpen können Archäologenwerk im Nu zunichte machen. So mußten die Ausgräber 1981 ihre Arbeit bereits im März abbrechen, obwohl sie normalerweise auf eine Einsatzzeit von November bis April spekulieren.

Auch an den Seeufern wurden während der Sondagearbeiten des »Projekts Bodensee-Oberschwaben« keine weitflächigen Grabungen unternommen, doch mußten hier die Arbeitsplätze mit Sandsackdämmen geschützt und elektrische Pumpen nebst einem durchdachten Entwässerungssystems eingesetzt werden, um möglichst gleichbleibende Verhältnisse zu garantieren. Zudem deckte man größere Grabungsschnitte mit Plastikzelten ab.

Der günstige Wasserstand mußte rundherum genutzt werden: Um noch unbekannte Siedlungen ausfindig zu machen, um die Ausdehnung von Pfahlfeldern zu vermessen, um Probebohrungen bis weit in die Flachwasserzone hinaus zu unternehmen. Dazu trug man hüfthohe Gummistiefel oder »Wathosen«, die allerdings nicht immer vor nassen Überraschungen schützen konnten. Mobile, von Grabungsort zu Grabungsort umgestellte Bauhütten mit dem Feldbüro, einer Teeküche und dem dringend benötigten Heizstrahler waren gewiß kein Luxus, zumal bei tagelang anhaltenden Temperaturen unter 0° Celsius.

Die Arbeit spielte sich keineswegs nur im Uferbereich ab. Der winterlich ruhige See ohne Bootsverkehr, ohne Algen im Wasser, die die Sicht hätten behindern können, gab seine Geheimnisse preis, wenn die Wissenschaftler mit dem Pontonboot hinausfuhren und durch einen gläsernen Guckkasten nach Pfahlfeldern suchten. Und selbst an Tagen, wo ganz frisches, dünnes Eis die Oberfläche des Sees bedeckte, konnten sie durch das Spiegeleis hindurch tieferliegende Pfähle vermessen.

Der bedrohliche Erhaltungszustand vieler Siedlungen, deren Pfahlfelder und Kulturschichten heute durch Erosion und Hafenbaggerungen freigelegt und einem schnellen Zerfall ausgesetzt sind, veranlaßte das Landesdenkmalamt Baden-Württemberg bereits 1982 zu ersten, längerfristigen Rettungsgrabungen. Die Fundbergungen und Untersuchungen werden im Rahmen des Projektes »Pfahlbauarchäologie Bodensee-Oberschwaben« weitergeführt und betreffen vor allem bedrohte Stationen in Allensbach, Bodman, Sipplingen, Unteruhldingen und Hagnau. Auch im Schorrenried bei Reute (Bad Waldsee) ist eine Ausgrabung der durch Austrocknung gefährdeten Moorsiedlung begonnen worden.

Ausgrabungsstandard heute

Seit den zwanziger Jahren buddeln die Archäologen keine Löcher mehr: Sie legen systematisch vermessene rechteckige Grabungsschnitte an, in denen sie Schicht um Schicht in die Tiefe gehen. Heute folgen die Ausgräber, selbst bei erschwerten Bedingungen unter Wasser, dem natürlichen Verlauf einzelner Ablagerungen, da es ja innerhalb der Siedlungsschichten oft auf winzige Details ankommt, die den Zusammenhang gleichzeitig eingebetteter Funde so aussagekräftig machen. Jede freigelegte Fläche, ein sog. »Planum«, wird zeichnerisch und fotografisch aufgenommen. Außerdem werden alle Funde, Hölzer und Erdverfärbungen im Maßstab 1:10 registriert. Vom Ausgräber verlangt diese Dokumentation im Schichtverband ein großes Maß an Disziplin, denn selbst bei aufsehenerregenden Funden muß, bevor sie gehoben werden können, zuallererst der Fundzusammenhang, der »Befund« gesichert sein. So sind Meterstäbe, Meßrahmen mit rasterförmiger Schnurbespannung, ein Nivelliergerät, Buntstifte mit festgelegter Farbbedeutung, Listenvordrucke und ein Tagebuch unerläßlich. Schließlich halten die Notizen einen Vorgang fest, der nicht wieder rückgängig gemacht werden kann, weil die Grabung die entscheidenden Zusammenhänge Stück um Stück löst und so die originalen Geschichtsquellen systematisch zerstört.

Nachdem ein »Schnitt« vollständig ausgegraben ist, werden die stehengebliebenen Wände sorgfältig gereinigt und zeichnerisch festgehalten. Derartige »Profile« liefern eine letzte Kontrolle über Schichtverlauf und Grabungstätigkeit. Gleicht die systematische Grabung eher der Arbeit am Seziertisch, so gehen die Archäologen

Abb. 26 Ausgrabung unter Wasser in Bodman (1983). Bei Abnahme des Treibsands vom heutigen Seeboden zeigen sich bereits erste Pfahlköpfe.

Abb. 27 Tongefäß in originaler Fundlage, Siedlung Forschner.

mit dem Aushub wie Goldwäscher um. In einer Schlämmanlage mit hartem Wasserstrahl werden die abgetragenen Erdmassen pro Quadrat und Schicht durch ein Sieb gespült. Trotz vorsichtiger Grabungsweise sammeln sich hier leicht zu übersehende Funde: Feuersteinspitzen, Schmuckperlen, Fischknochen oder unscheinbare Klümpchen aus gekautem Birkenteer.
Warum jede einzelne Scherbe mit so viel Sorgfalt registriert wird, ist leicht einzusehen. Oft genug zeigt sich erst im nachhinein beim Zusammensetzen der Fragmente ihre eigentliche Bedeutung, die während der Ausgrabung noch gar nicht zu erkennen war. Deshalb soll das mehrfache Kontroll- und Dokumentationsnetz die vielfältigen Informationen auch zur Auswertung möglichst detailgenau festhalten.

Probenentnahme

Wenn möglich, sind die an der Auswertung beteiligten Naturwissenschaftler bereits selbst zur Probenentnahme auf der Grabung anwesend. Sie wollen schließlich sicher sein, daß sie keine falschen Schlüsse ziehen, wenn sie ihr Material später im Labor untersuchen. Wichtig ist vor allem, daß repräsentative Probenserien entnommen werden und nicht nur die herausragenden Sonderfälle Beachtung finden. Pfähle und liegende Hölzer werden grundsätzlich numeriert, jeweils an geeigneter Stelle sägt man eine Scheibe ab. Botaniker und Sedimentologen bergen ihr Material in Plastikrohren und Kunststoffkisten. Wenn sie Blumenkästen in die Profile drücken, können sie damit einen kleinen Grabungsausschnitt herausstechen und unversehrt ins Labor tragen.

Bergung

Hölzer, Erdproben und Funde aus unverkohltem Material müssen vom Moment ihrer Bergung an ständig feucht gehalten werden. Eingeschweißt in Plastiktüten, z. T. auch im Wasserbad überdauern sie bis zur wissenschaftlichen Bearbeitung oder Konservierung notfalls mehrere Jahre. Besonders schwierig sind größere Textilstücke oder zusammengedrückte Tongefäße zu heben. Durch Nässe und Erdschichten fest verbacken halten solche Funde zwar im Boden noch zusammen, würden jedoch bei einer Freilegung in zahlreiche Einzelteile zerfallen. Sie werden mit dem umgebenden Erdreich auf eine Blechschublade geschoben oder mit Gipsbinden stabilisiert und mit diesem Korsett ins Labor gebracht. Dort kann man sie dann vorsichtig enthüllen.

Taucharchäologie

Es gibt Siedlungen, die liegen so weit unter Wasser, daß sie mit den beschriebenen Methoden schlichtweg unerreichbar bleiben. Hier half die Erfahrung und das Know-how, das die Spezialtruppe des »Büros für Archäologie« der Stadt Zürich in ihren zahlreichen Unterwassereinsätzen unter der Leitung von Ulrich Ruoff hat sammeln können. Diese Schweizer »Equipe« tauchte 1978 erstmals im deutschen Gewässer. Mittlerweile hat sich auch bei uns eine feste Mannschaft aus fünf Freiburger Fachstudenten für solche Einsätze qualifiziert. Trotz ihres relativ großen technischen Aufwands sind Tauchexpeditionen ergiebiger, auch billiger als Grabungskampagnen in großen Caissons. Der Vorteil der Taucharchäologen besteht vor allem auch darin, daß sie wirklich beweglich sind, d.h. Pfahlfelder abschwimmen können, um so die Ausdehnung einer Siedlung genau zu erfassen. Ebenso sind Probebohrungen und Fundbergungen leicht möglich. 13 Siedlungsplätze auf einer Strecke von 10 km zwischen Wallhausen und Konstanz-Hohenegg nahmen die Froschmänner 1981 genauer unter die Lupe. In der Zwischenzeit ist auch die deutsche Mannschaft gut genug ausgerüstet, um umfangreichere, ein bis zwei Monate dauernde Unternehmen in Angriff zu nehmen: Bodman-Schachen, Sipplingen, Unteruhldingen und Hagnau gehören dazu. Interessierte Amateure aus der Tauchergruppe der »Sektion Unterwasserarchäologie« in der »Gesellschaft für Vor- und Frühgeschichte Württemberg-Hohenzollern« setzen ebenfalls ihr Hobby ein und tauchen unter Anleitung von Spezialisten in die Geschichte.

Abb. 28 Schematische Darstellung der Ausgrabungstechnik unter Wasser: 1 Pontonboot; 2 Tauchhelfer; 3 Korb für Funde, Sediment und Arbeitsgerät; 4 Motorpumpe; 5 Ansaugstutzen; 6 Druckschlauch; 7 Stahlrohr; 8 Grundplatte; 9 Signalleine; 10 Taucharchäologe.

Abb. 29 Dokumentation unter Wasser in Sipplingen (1984).

Abb. 30 Freigelegter Ausschnitt einer Kulturschicht und abgebrochene Eichenpfähle mit schwarzem Kernholz und hellem Splint. Tauchgrabung Sipplingen (1986).

Abb. 31 Horizontales Widerlager einer Pfahlbaugründung (vgl. Abb. 62). Tauchgrabung Bodman-Schachen (1986).

Technik unter Wasser

In der Regel operieren die Froschmänner von einer festen Arbeitsbasis aus, wo ihnen stets eine Hilfsmannschaft zur Hand geht. Für kleinere Einsätze genügt ein Pontonboot, das am jeweiligen Arbeitsplatz verankert wird. Die wichtigste Installation unter Wasser ist die metallene »Grundplatte«, auf der gearbeitet wird und die mit einem Strahlrohr und Düsen ausgestattet ist. Über eine Motorpumpe im Boot, stellen diese Düsen eine künstliche Strömung her, so daß aller aufgewirbelte Schlamm angesogen und umgeleitet werden kann, und der Ausgräber freie Sicht hat. In Quadratmetereinheiten werden die Flächen freigelegt und zur Registrierung sorgfältig präpariert. Abgetragenes Material wird ins Boot gehievt und dort gesiebt. Ein Meßrahmen garantiert die Einhaltung des vom Land aus eingerichteten Vermessungssystems. Mit Wachsstiften lassen sich die Fundumrisse im Maßstab 1:1 auf Plexiglasscheiben nachzeichnen und später in kleinmaßstäbliche Pläne umwandeln. Hier unten wären feinere Zeichnungen schlecht herzustellen – immerhin steckt der Taucher ja in einer astronautenähnlichen Verpackung: Gummihandschuhe, Trockentauchanzug und Preßluftflaschen machen ihn nicht gerade zum Grazilsten. Zur Dokumentation der freigelegten Profile, an denen die Schichtenfolge abgelesen werden kann, kommt ebenfalls die Plexiglasscheibe zum Einsatz: Vor die Profilwand gestellt, wird diese durchgezeichnet.

Die üblichen Grabungsnotizen unter Wasser? Auch dazu gibt es Spezialpapier und wasserfeste Stifte! Probenentnahme für die Dendrochronologie? Natürlich bekommen die Hölzer ihre Schildchen und werden verpackt! Abstandsmessungen von Pfählen? Auch unter Wasser gilt das Metermaß! Was zum Handwerk gehört, wird in die winterlichen Tiefen des Sees verlegt; ab April sind die Sichtverhältnisse zu ungünstig und Schmutz, Algenwachstum wie Bootsverkehr vertreiben die Taucharchäologen.

Bohraktionen und Erkundungen im Tauchanzug mögen zunächst wie Zusatzaufgaben für die »richtige« Archäologie aussehen; doch der Schein trügt. Die Unterwasserarchäologen haben nämlich mehrfach bewiesen, daß sie zu hochwertigen Ausgrabungsarbeiten in der Lage sind, die in ihrer Qualität hinter den hergebrachten Methoden in nichts zurückstehen.

Abb. 32 Zeichnerische Aufnahme eines Pfahlfeldes mit Plexiglasplatte und Fettstift.

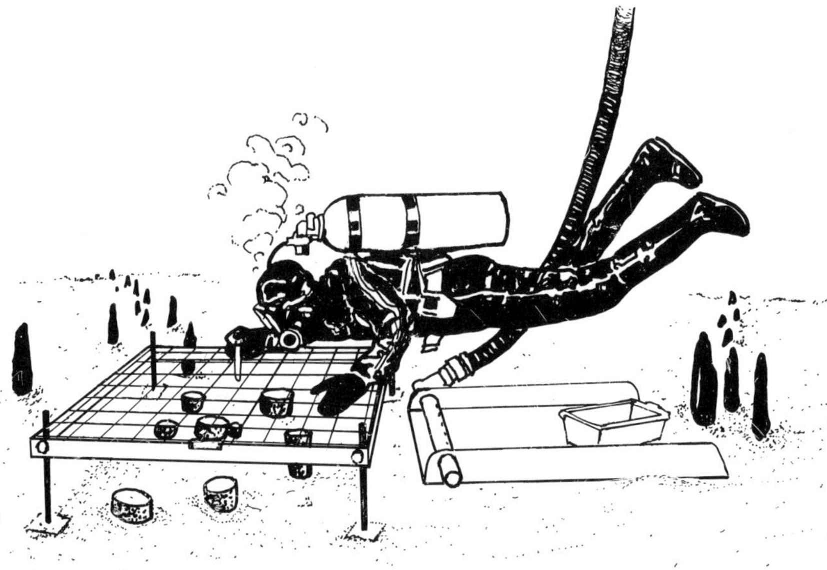

Abb. 33 Die schwimmende Arbeitsbasis der Taucharchäologie mit Beibooten, Büro-Container und Duschkabine, Bodman-Schachen (1983).

Abb. 34 Vermessung eines Pfahlfeldes der späten Bronzezeit, Unteruhldingen (1984).

Zivilisation – und wäre es die allererste, – greift in die Natur ein. Dabei wird notgedrungen etwas verändert, was wir mit »natürlichem Gleichgewicht« oder »natürlichen Verhältnissen« umschreiben. Bereits landwirschaftliche Maßnahmen und Rodungsarbeiten der Jungsteinzeit leiteten die Entwicklung zu der uns heute vertrauten, weitgehend entwaldeten Kulturlandschaft ein. Allein für die Palisadenzäune der »Wasserburg Buchau« mußten 13 Hektar Wald geopfert werden. Für den Ackerbau wurden den damaligen Urwäldern gleichfalls weite Flächen abgerungen. Erosion und Bodenveränderungen ließen nicht auf sich warten. Mit dem Anbau von Getreide und anderen Feldfrüchten kamen zahlreiche Pflanzen nach Mitteleuropa, die sich hier als »Unkräuter« und »Kulturfolger« in die Vegetation eingliederten. Da die Haustierhaltung zunächst noch nicht auf Graswirtschaft basierte, trieb man die Herden durch die Wälder und beeinträchtigte damit das nachwachsende Jungholz durch Viehverbiß.

Die Eingriffe des Menschen modifizierten die Umwelt, und in dem Maße, wie sich die Siedler auf solche Veränderungen einstellten, ja sie vorantrieben und neue technische Kenntnisse erwarben, wandelten sich die Gesellschaften auch innerlich: Soziale Organisation und religiöse Vorstellungswelt waren davon betroffen. Um ein genaues Verständnis für den vielschichtigen Zivilisationsprozeß zu entwickeln, ist es wichtig, ohne Nostalgie und ohne unzulässige Vereinfachungen vorzugehen – noch sind die Quellen dazu vorhanden. Sie führen zu den Wurzeln der Menschheitsgeschichte, erhellen erstaunliche ökonomische Fragestellungen und aktualisieren unser eigenes Selbstverständnis. Es wäre sträflich, sie endgültig ins Dunkel der grauen Vorzeit zurückfallen zu lassen.

Neue siedlungsarchäologische Untersuchungen

1983 startete die Deutsche Forschungsgemeinschaft das Schwerpunktprogramm »Siedlungsarchäologischen Untersuchungen im Alpenvorland«, ein interdisziplinäres, großangelegtes Projekt. In seinem Rahmen werden über Jahre hinweg die jungsteinzeitliche Siedlung »Hornstaad-Hörnle« am Bodensee und die mittelbronzezeitliche »Siedlung Forschner« am Federsee exemplarisch untersucht und vollständig ausgegraben. Wie sah die natürliche Umwelt aus? Welche klimatischen Bedingungen prägten sie? Welche Wirtschaftskonzepte verknüpften die Siedler mit diesen äußeren Bedingungen? Solche Fragen will die Siedlungsarchäologie beantworten – immer die Wechselwirkung von Mensch und Umwelt, Natur und Kultur im Blick. Den Fachleuten bietet sich hier die einmalige Chance, mit modernsten wissenschaftlichen Methoden die gut erhaltenen Reste der Feuchtbodensiedlungen zu untersuchen. Schon im 19. Jahrhundert arbeiteten einzelne Forscher in dieser Richtung. So begann der Schweizer Botaniker Oswald Heer eine bis heute richtungsweisende Zusammenarbeit zwischen Botanikern und Archäologen, und der Zoologe Leopold Rütimeyer wirkte durch seine Knochenbestimmungen bahnbrechend. Nach seinen Entdeckungen im Federseemoor suchte E. Frank schon in ganz Deutschland die Mitarbeit naturwissenschaftlich orientierter Spezialisten.

Abb. 35 Ausgrabungszelt in Hornstaad-Hörnle I bei steigendem Wassserstand im März (1980).

Abb. 36 Das Luftbild von Hornstaad-Hörnle I (1983) läßt die Organisation der großen Siedlungsgrabung erkennen: im Vordergrund das Großzelt über der Hauptgrabungsfläche, Sandsackdamm mit Pumpanlagen, rechts Sondierungsschnitte. Im Hintergrund von rechts nach links: 2 mobile Kleinzelte, die Baubaracke mit Feldlabor und Aufenthaltsraum, etwas davor die Siebanlage.

Pollenanalyse und Vegetationsgeschichte

Das Gesicht der Landschaft veränderte sich nicht in Generationsschritten. Immerhin dauerte es 5000 Jahre, bis aus den kahlen Steppen der Eiszeit Tundren, Buschvegetation und schließlich dichte Wälder, vorwiegend aus Eichen, Ulmen und Linden wurden. Gegen Ende dieser klimagünstigen Periode des Eichenmischwaldes, die von den Botanikern »Atlantikum« genannt wird, ließen sich die ersten Siedler an den Seen nieder. Indem sie den Wald für den Ackerbau und für die Gewinnung von Bauholz rodeten, beeinträchtigten sie sein natürliches Wachstum. So drangen im Umkreis ihrer Wohnanlagen und überall dort, wo Lichtungen entstanden waren allmählich lichtbedürftige Gehölze wie Hasel, Beerensträucher und Kräuter vor. Gleichzeitig vergrößerten sie das Nahrungsangebot für Mensch und Tier.

Am tiefgreifendsten aber war das langsame Verschwinden des Eichenmischwaldes bei einer gleichzeitigen Zunahme von Buchen. Früher wurden dafür lediglich Klimaschwankungen verantwortlich gemacht, heute erwägt man die Wirkung menschlicher Eingriffe in das Ökosystem. Wahrscheinlich lag es an den weitflächigen Rodungen, daß sich die Buchen bis zur Bronzezeit endgültig durchsetzten. Erst die starken Rodungen des Mittelalters und die gezielten Fichtenaufforstungen zu Beginn der Forstwirtschaft im 17. Jahrhundert änderten abermals das Aussehen weiter Waldgebiete Südwestdeutschlands.

Die Arbeit der Botaniker verläuft zweigleisig. Zum einen versuchen sie möglichst ungestörte Pollenprofile aus natürlichen Ablagerungen zu gewinnen, in denen menschlicher Einfluß unmaßgeblich ist. Beim Rückzug der Gletscher entstanden in »Toteislöchern« kleine, sehr tiefe

Abb. 37 Mikroskopierarbeit im botanischen Labor in Hemmenhofen.

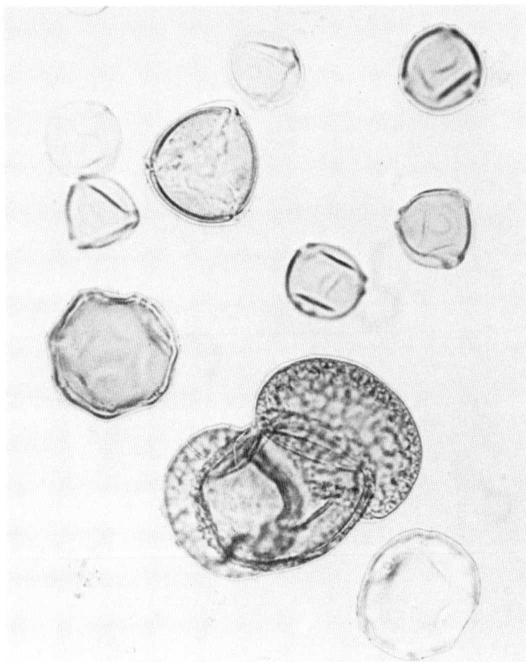

Abb. 38 Pollen unter dem Mikroskop. Aufgrund ihrer verschiedenen Form und Größe können zahlreiche Pflanzenarten und Gattungen unterschieden werden.

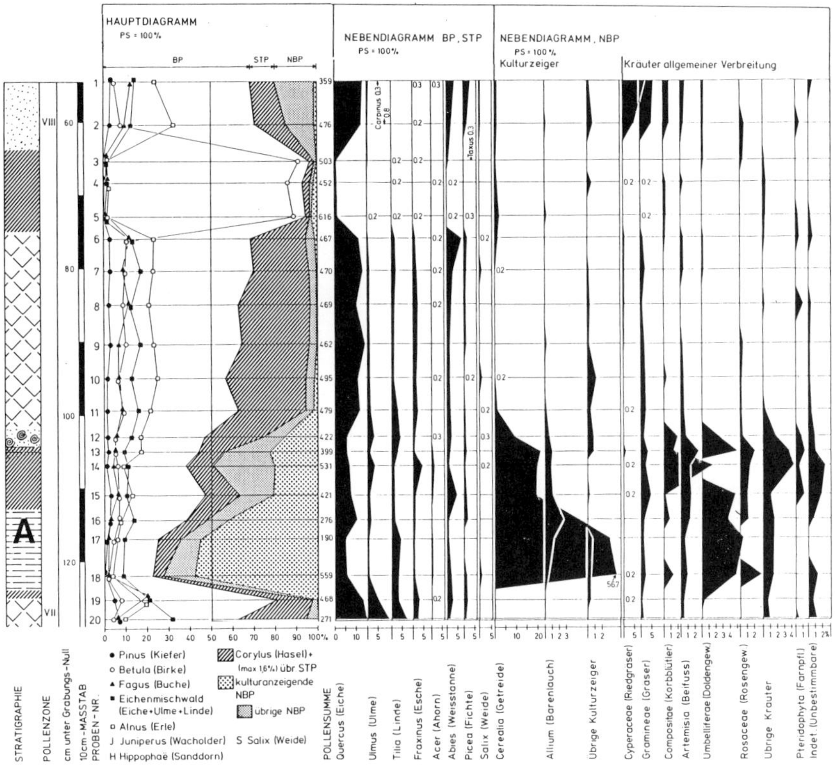

Abb. 39 Ausschnitt aus einem Pollendiagramm von Hornstaad. Wie an Fieberkurven läßt sich hier die Veränderung der Vegetation im Laufe der Zeit ablesen. Im Bereich der Kulturschicht (A) zeigt sich der Einfluß des Menschen durch einen sprunghaften Anstieg von Getreide und Kräutern, nach H. Liese-Kleiber (1977).

Seen, die heute zu Kesselmooren verlandet sind und über Jahrtausende aussagefähige »Pollenfallen« waren. Solche, für Vergleiche unentbehrliche Pollenablagerungen sind aus dem Feuerried und Durchenbergried im Hegau systematisch untersucht worden. Auch in den Sedimenten des Mindelsees, im Federsee und in den Tiefen des Bodensees sind 10000 Jahre Vegetationsgeschichte eingeschrieben. Bis heute haben sich die nur 0,05 mm großen Pollenkörner aus dem Blütenstaub der Pflanzen in den Ablagerungen erhalten und sind vom Spezialisten an ihrer Form zu erkennen. Mit chemischen Methoden aufbereitet und angereichert, unter dem Mikroskop bestimmt und ausgezählt, ergeben sie sog. »Pollendiagramme«, aus denen man die Vegetationgeschichte ablesen kann. Mit Hilfe der Radiokarbon-Methode oder C14-Messung werden die einzelnen Ereignisse datiert und mit der Besiedlungsgeschichte verknüpft. Sog. »Kulturzeiger«, bestimmte Kräuter- Gras- und Getreidepollen, lassen Rückschlüsse auf die Landwirtschaft, auf Ackerbau und Weidebetrieb zu.

Doch nicht immer ergeben die Daten allein schon völlig eindeutige Sachverhalte. Als weitere Möglichkeit bietet sich den Botanikern die Untersuchung der Kulturschichten an. Neben dem natürlichen Pollenniederschlag lagern darin vor allem pflanzliche Abfälle aus dem Siedlungsalltag, die über Aktivitäten im engeren Umkreis einer Station Auskunft geben. So können hohen Konzentrationen von Linden-, Ulmen- oder Eschenpollen auf die Einbringung von Zweigen als Viehfutter für den Winter hindeuten, zumal es in der Jungsteinzeit noch keine Wiesen gab, um Heuvorräte anzulegen.

Die Pollendiagramme deuten auch darauf hin, daß der Schilfrohrgürtel am Bodensee erst nach der Jungsteinzeit entstanden sein muß. Hausrekonstruktionen mit Schilfdächern sind somit wenig wahrscheinlich.

Pollendiagramme datieren Seeablagerungen, Spülsäume und Verlandungsphasen. Die Wasserspiegelschwankungen der Seen, die auch Landschaftsbild und Biotope der Uferzone beeinflußten, sind dadurch zeitlich genauer einzugrenzen, so daß die Botaniker bei der Erforschung der Seengeschichte eine wichtige Rolle spielen.

Verlandung und Wasserspiegelschwankungen

Seit ihrer eiszeitlichen Entstehung veränderten sich die Seen des Alpenvorlandes fortlaufend. Vor allem in den flachen Gewässern Oberschwabens förderte Sumpfbildung aus pflanzlichen Abfallstoffen die Verlandung, bis schließlich Torfmoore und Pioniergehölze wie Weiden, Birken und Erlen vordringen konnten. Waren große Buchten oder ganze Seen vom Niedermoor überwachsen, bildete sich in günstigsten Fällen ein Hochmoor, das sich nun unabhängig vom mineralischen Grundwasser mit veränderter Vegetation hauptsächlich aus Weißmoosen aufbaute und mit Kiefern bewaldet war. Die Reste verlassener Siedlungen wurden schon bald von dieser wuchernden Vegetation überzogen und verschwanden am Federsee unter teilweise 1,20 m mächtigen Torfen. Die Verlandung wurde auch beschleunigt, wenn sich die Ausflüsse der Seen tiefer in die Landschaft eingruben und damit ihr Wasserspiegel sank. Andererseits konnte die Ausflußschwelle der Seen durch Hangrutschungen, Tuffbildung und Moorwachstum auch wieder erhöht werden. Zudem war der Wasserspiegel abhängig vom Einzugsbereich der Zuflüsse und der Niederschlagsmenge. Seit die Archäologie ihre Arbeit immer mehr mit Naturwissenschaftlern teilt, steuern Pollenanalyse, Moorgeologie, Sedimentologie und Geomorphologie zum Verständnis dieser Prozesse bei.

Aufgrund seiner außergewöhnlichen Tiefe von 252 m stellt der Bodensee einen Sonderfall dar. Er bezieht zwar sein Wasser aus den Alpen und unterliegt so großen jährlichen, von der Schneeschmelze abhängigen Wasserspiegelschwankungen. Doch nur wo Zuflüsse ihre Schuttmassen in den See luden, in den Buchten am Westende des Überlinger- und Untersees, auch im Einmündungsbereich des Rheins, kam es zu großflächigerem Landgewinn. Entlang der anderen Ufer bildete sich meist nur ein schmaler Verlandungsstreifen, der sich als Flachwasserzone im See fortsetzt und dann steil als »Halde« ins tiefere Wasser abfällt. Klifflinien und Strandwälle im Gelände markieren für die Mittlere Steinzeit um 5 m höhere Wasserstände als heute, wogegen die »Pfahlbausiedlungen« teilweise bis zu 4 m unter der heutigen Mittelwasserlinie liegen. So vermutet man die niedrigsten Wasserstände in der Bronzezeit, als die Siedlungen am weitesten in den See vorrückten.

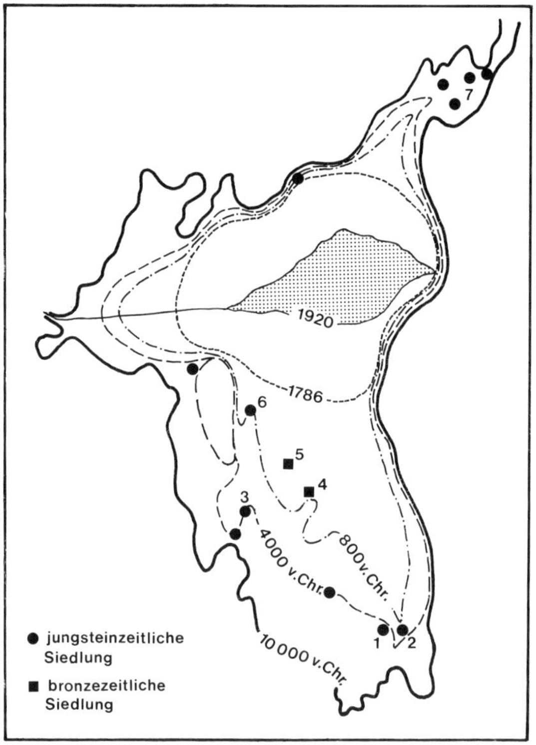

Abb. 40 Die Siedlungsplätze im Verhältnis zu den Verlandungsstadien des Federsees, nach K. Bertsch (1931): 1 Aichbühl, 2 Riedschachen, 3 Taubried, 4 Siedlung Forschner, 5 Wasserburg Buchau, 6 Dullenried, 7 Ödenahlen.

Abb. 41 Luftbild des Federseebeckens von Südwesten. Die helle Riedvegetation um die offene Wasserfläche zeigt die seit der Seefällung 1787 verlandete Zone. Bad Buchau (links) liegt auf einer Kiesinsel, rings von Moor umgeben.

Die Wahl des Siedlungsplatzes

Was hat die bäuerlichen Gemeinschaften von einst wohl veranlaßt, sich so dicht am Wasser einzurichten? Eine Frage, die schon seit dem letzten Jahrhundert ebenso bizarre wie einleuchtende Antworten provozierte: ein durch den weiten Rundblick vermitteltes Sicherheitsgefühl außerhalb des gefährlichen Urwalds, der garantierte Fischfang und die Wasserflächen als offen zugängliche Verkehrswege wurden immer wieder angeführt, sogar angeblich hygienischere Verhältnisse in Wassernähe – nicht zu vergessen der Schutz vor wilden Tieren und den bösen Nachbarn, den die exponierte Lage gewährleistet haben soll. Gewiß, die prähistorischen Siedler ersparten sich die Rodungsarbeiten am Siedlungsort, da die Uferzonen baumfrei waren und Felder hätten sie dort, im schlammigen Grund kaum anlegen können. Die Pfähle ließen sich leicht ohne Ausheben von Pfostengruben in den weichen Seegrund eintreiben, dafür mußten sie alle 10–20 Jahre neues Holz zur Renovierung ihrer im feuchten Milieu schnell verrottenden Häuser beschaffen. Den See hätten sie zum Fischfang nützen können, ohne gleichzeitig die ungünstigen Standortverhältnisse für ihre Wohnungen in Kauf nehmen zu müssen – zumal sie deshalb oft bis zu den für sie wichtigen ackerbaulich genutzten Flächen eine ziemliche Wegstrekke zurücklegen mußten.

Zweifellos gab es triftige Gründe, auch wenn wir uns heute schwertun, die Wahl genauer nachzuvollziehen. Immerhin hielten die frühen Siedler über 3000 Jahre an Wohnlagen im feuchten Milieu fest. Hätten sie sich gegen die naßkalten Wohnverhältnisse, gegen die mit regelmäßiger Sicherheit wiederkehrenden Überschwemmungen entschieden, wir brauchten uns heute nicht die Köpfe zu zerbrechen. Nicht mehr als dunkle Erdverfärbungen bleiben von den jungsteinzeitlichen Siedlungen im Trockenen in der Regel übrig.

Extreme Lage

Schreckensee, Reute, Musbach, Olzreute, Illmensee und Ruprechtsbruck – im Bereich der

Abb. 42 Olzreuter See: die jungneolithische Siedlung lag auf der nördlichen Halbinsel.

Abb. 43 Schreckensee: die heutige Halbinsel mit jung- und endneolithischen Siedlungsresten war ursprünglich eine echte Insel.

kleinen oberschwäbischen Seenplatte bevorzugten die Siedler Insel- und Halbinsellagen. Überdeutlich wird diese Vorliebe für Extreme im Illmensee, wo die Häuser an der Spitze einer 300 m langen Halbinsel erbaut worden waren. Auch am Federsee scheinen ähnliche Kriterien ausschlaggebend gewesen zu sein, obwohl von heute aus nicht mehr zweifelsfrei auf das Aussehen der Standorte zur Zeit ihrer Besiedlung zurückgeschlossen werden kann; zum einen, weil die ehemaligen Uferlinien durch Verlandung unkenntlich geworden sind, zum anderen, weil auch mit moorgeologischen Methoden nur schwer zurückzuverfolgen ist, ob die Siedler bereits exponierte Torfhorste auswählten, oder ob erst die durch Pfähle und Lehmestrich erosionsgeschützten Dorfruinen ringsum abgespült und inselartig freigestellt wurden.

Am westlichen Bodenseeufer häufen sich die Stationen im Gegensatz zum erstaunlich leeren und unbesiedelten Osten. Als einen Grund von vielen macht man dafür die zwischen Friedrichshafen und Arbon verlaufende 1000 mm Niederschlagsgrenze verantwortlich. Östlich von ihr beginnt heute eine niederschlagsreichere Zone, die vor allem Viehweiden gedeihen läßt, im Westen dagegen herrschen für den Ackerbau günstigere Bedingungen. Anders als die Moorgebiete, waren die riesigen Seekreideplatten in den Flachwasserzonen nicht ohne weiteres begehbar, es sei denn, während der jährlichen, von der Schneeschmelze abhängigen Niedrigwasserstände im Winter. In dem Maße, wie sich die Uferbank im Lauf der Jahrtausende verbreiterte, eventuell verbunden mit allmählich sinkendem Seespiegel bis in die Bronzezeit, rückten die Siedlungen immer weiter ins Seegebiet vor; ganz so, als hätten ihre Erbauer beständig die Wasserlinie im Auge gehabt und nicht ihre weit entfernten Felder.

Bis heute kann die Frage nach dem Warum noch nicht schlüssig beantwortet werden. Dazu muß die Forschung den Besiedlungsverlauf der Seeufer und Moorgebiete genauer erfassen und vor allem herausfinden, welche Voraussetzungen die einzelnen Standorte boten, als die Siedler mit dem Bau ihrer Häuser begannen.

Abb. 44 Illmensee: die endneolithischen Siedler errichteten ihre Häuser an der Spitze der Halbinsel.

Abb. 45 Typisch für den Bodensee: die Lage der Siedlungen in der Flachwasserzone. Tauchsondage in Bodman-Schachen (1983).

Abb. 46 In der Stratigraphie des Osthafens von Sipplingen zeigen sich durch helle Seekreide getrennt sechs Siedlungsschichten der Horgener Kultur.

Dringen die Archäologen mit ihren Spaten dorthin vor, wo menschlicher Einfluß nachweisbar ist, zu den dunkelbraunen Bändern, die deutlich von den weißen, meist aus Kalk bestehenden Seeablagerungen abstechen, dann haben sie »Kulturschichten« vor sich. Im Sipplinger Osthafen liegen z.B. acht Kulturschichten übereinander. Achtmal ließen hier die Siedler zu verschiedenen Zeiten regelrechte Müllteppiche aus ihrem Alltag zurück: organische Abfälle wie Nahrungsreste, Kot und Angekohltes, aber auch Spuren von Bautätigkeit und Werkzeugherstellung. An einer Stelle liegen wertlos gewordene Geräte, anderswo kleine Häufchen von Feuersteinabschlägen oder Holzspänen, irgendwo anders konzentrieren sich weggeworfene Knochenreste. Kulturschichtpakete sehen zwar für den Laien verdächtig nach Dreck aus, der Fachmann nennt sie gerne euphorisch sein bestes Archiv. Im Idealfall kann er genau nachvollziehen, wo Vorratshaltung betrieben wurde, ob für einzelne Arbeiten bevorzugte Plätze ausgewählt wurden und ob es in der Siedlung bereits Spezialisierungen und Arbeitsteilung gegeben hat. Für Knochen- und Samenbestimmungen der Bota-

Abb. 47 Das Profil im Zentrum der Siedlung Hornstaad-Hörnle I zeigt von unten nach oben blauen Ton, gelbe Seekreide, eine schwarz-braune Kulturschicht und darüber wieder Seekreide mit eingelagerten Hölzern.

niker und Zoologen ist das Inventar der Kulturschichten unentbehrlich. Da die Schichtenfolge in den Profilen der Grabungsschnitte deutlich sichtbar stehenbleiben, können die einzelnen Ablagerungen mit einer ursprünglich geologischen Methode, »der Stratigraphie«, in der Reihenfolge ihrer Entstehung gelesen und interpretiert werden. Zuunterst lagern in der Regel die ältesten Schichten aus glazialen Tonen, darüber folgen Seekreide und Sandablagerungen. Liegen Straten unterschiedlicher kultureller Zugehörigkeit übereinander, so belegen sie, in welcher Reihenfolge sich technische und wirtschaftliche Entwicklungen ablösten, welche Kulturgüter älter und welche jünger sind. Vergleicht man Schichtfolgen aus verschiedenen Siedlungen miteinander, so ergibt dies ein »relativchronologisches System«, das genauen Einblick verschafft in das Nacheinander jungsteinzeitlicher Kulturgruppen an den Seen des Alpenvorlandes.

Häufig werden die Kulturschichten am Bodensee durch Seekreideablagerungen, in den kleinen Seen Oberschwabens durch Muddebänder unterbrochen. Solche zwischengelagerten Bänder verraten Zweifaches: Zum einen können sie auf eine Unterbrechung der Siedlungsphase hindeuten, während der die Bewohner anderswo siedelten. Zum anderen beweisen sie mit Sicherheit eine Überflutung des Siedlungsgeländes, denn Seekreide und Mudde sind »organogene Sedimente«, die durch Kleinlebewesen und Pflanzen im Wasser gebildet wurden. Ab und zu haben auch Treibsand und Spülsäume aus Wasserschnecken trennende Bänder in den Kulturschichten hinterlassen, nach kurzfristigen Überschwemmungen, die nicht unbedingt zum Verlassen des Platzes zwangen. Stratigraphische Untersuchungen sichern so wertvolle Indizien zum lokalen Milieu der Siedlungen sowie zur Rekonstruktion der Seengeschichte.

Abb. 48 Ein in Bodman aufgenommenes Profil dokumentiert vier Siedlungsschichten der Horgener Kultur (C–F) über zwei Schichten der Pfyner Kultur (A–B).

Der Kalender im Holz

Wachstum hinterläßt in der Natur häufig Spuren: z.B. die Ablagerungswülste der Muscheln, oder die geschuppten Verhärtungen auf Schildkrötenpanzern. Der Wechsel der Jahreszeiten beeinflußt das Wachstum. So können die Jahrringe in Baumstämmen abgezählt werden und ergeben ihr genaues Alter. Ganz charakteristische Jahrringfolgen mit unterschiedlichen Jahrringbreiten entstehen deshalb, weil klimatische Änderungen darin empfindlich genau registriert sind. So kann man gleichzeitig gewachsene Hölzer einer Art (und aus einer Klimazone) aufgrund ihrer übereinstimmenden Jahrringfolgen aus Millionen von Hölzern herausfinden. Dieses Wissen hat sich die Dendrochronologie zunutze gemacht. An sauber präparierten Holzquerschnitten oder Bohrkernen werden die Jahrringe vermessen. Ein Computer hilft bei der statistischen Auswertung des Datenmaterials. Von mehr als 20000 Holzproben aus Pfahlbausiedlungen wurden inzwischen an die 3000 in Hemmenhofen dendrochronologisch untersucht. Aus der Datenwirrnis ergeben sich allmählich zeitliche Übereinstimmungen einzelner Hölzer, Häuser und schließlich sogar mit anderen Siedlungen. Bereits in den vierziger Jahren ermittelte man mit solchen relativen Chronologien, daß das Palisadensystem der »Wasserburg Buchau« nicht nach und nach sondern in einem Zug errichtet worden war.

Absolute Datierung

Bruno Huber von der Universität München begann damals schon mit dem Aufbau eines historischen Jahrringkalenders. Vorgemacht hatten es die Amerikaner, die ein über achttausendjähriges

Abb. 49 Die elektronische Meßanlage zur Auswertung von Holzproben im archäodendrologischen Labor in Hemmenhofen.

Abb. 50 Jahrringfolge eines Eichenpfahls. Der Holzquerschnitt ist zur besseren Erkennung der Jahrringgrenzen mit Kreide eingerieben.

Abb. 51 Charakteristische Jahrringfolge einer Moorkiefer aus dem Palisadenwerk der »Siedlung Forschner«. Deutlich erkennbar der klimabedingte unterschiedliche Jahrringzuwachs.

Puzzle aus einer langlebigen Koniferenart zusammenfügten. In unseren Breiten eignen sich Eichen und Nadelhölzer, um eine exakte Kette sich überlappender Jahrringfolgen möglichst weit in die Vergangenheit zurückzuverfolgen. Ausgangspunkt für eine zusammenhängende jahrgenaue Zählung muß ein Baum sein, dessen Fälldatum bekannt ist. Aus uralten Eichenstämmen, die er in Moorhorizonten und Flußschottern von Donau, Neckar und Rhein eingelagert fand, gelang es dann Bernd Becker von der Universität Hohenheim, bestehende Lücken zwischen einzelnen, relativ synchronisierten Sequenzen zu schließen. Schrittweise wurde so ein für Südwestdeutschland gültiger Jahrringkalender erstellt, der momentan bis ins Jahr 4089 v. Chr. zurückreicht. In diese Standardchronologie können eichene Holzfunde »eingehängt« und aufs Jahr genau datiert werden: mittelalterliche Fachwerkhäuser ebenso wie römische Brücken oder bronzezeitliche Einbäume.

C14-Messungen

Fehlen Eichenholzfunde, dann ist auch heute noch keine absolute Datierung möglich. Man benützt dann, wie auch für andere organische Materialien, die C14-Messung oder Radiokarbondatierung. Sie registriert den Zerfall von radioaktivem Kohlenstoff in organischer Materie und weist gegenüber den dendrochronologisch ermittelten Kalenderjahren Abweichungen auf, die mit C14-Schwankungen in der Atmosphäre zusammenhängen. Diese Abweichungen müssen an die Dendrodaten angeglichen, d.h. »kalibriert« werden.

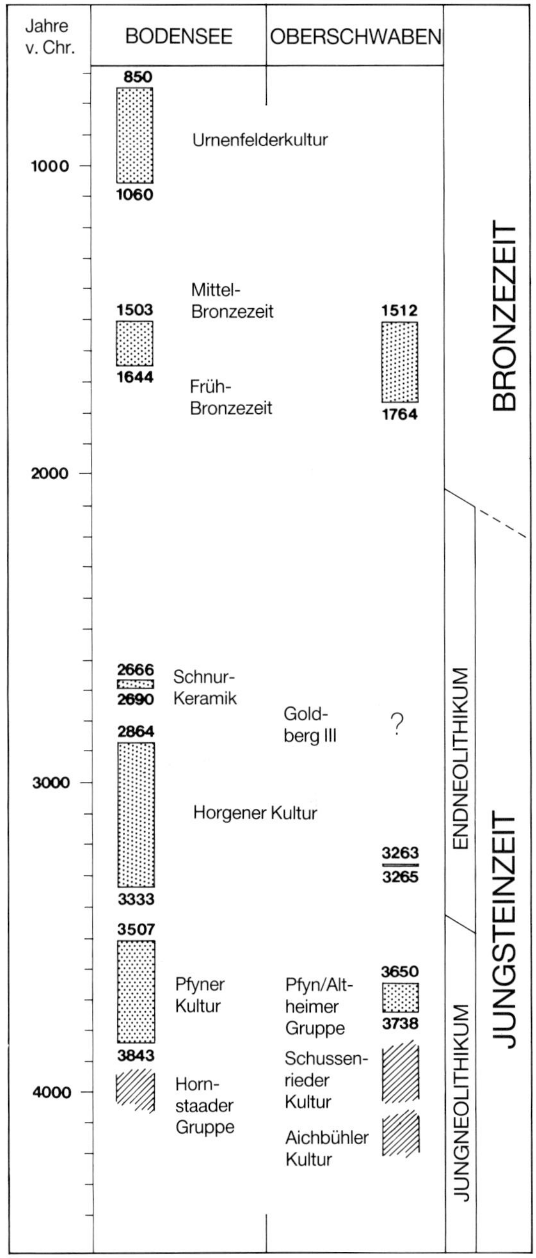

Abb. 52 Chronologieschema aufgrund dendrochronologischer Untersuchungen (gerastert) und kalibrierter C14-Daten (schraffiert).

Aussagekraft des Holzes

Aus Holz errichtete man Häuser, Zäune und Wege; Einbäume. Räder, Werkzeug und Gebrauchsgegenstände waren daraus gemacht, und nicht zuletzt verheizte man es zum Kochen, zur Keramikherstellung und zum Metallschmelzen. Ohne Zweifel stellen die Hölzer heute das Gros der Reste aus den jungsteinzeitlichen und bronzezeitlichen Siedlungen dar. Dieses allgegenwärtige Material ist heute noch in kleinsten Teilchen sogar als Holzkohle botanisch bestimmbar.

Die Holzanalyse zeigt, daß die Menschen der Vorzeit Eigenschaften und Qualitäten einzelner Arten, z. B. deren Elastizität oder Härte genau kannten. Darüber hinaus gibt die Holzanalyse Aufschluß über die technischen Methoden, mit denen die Siedler Bäume fällten, mit Holzkeilen spalteten und zimmermännisch bearbeiteten. Am letzten Jahrring unter der Rinde, der Waldkante, kann man ablesen, daß das Holz der Pfahlbauten vorwiegend im Winterhalbjahr gefällt wurde. Am Bodensee rangierten in den ersten jungsteinzeitlichen Siedlungen Weichhölzer wie Weiden, Pappeln und Erlen ganz vorne, wohingegen am Federsee offensichtlich schon dicke Eichenbäume bearbeitet werden konnten. Dort gewann mit der Entwicklung der Hochmoore in der Bronzezeit die Kiefer eine zentrale Bedeutung für den Bau, gleichzeitig hatte sich am Bodensee Eichenholz endgültig durchgesetzt. Tatsächlich erfolgte bereits die früheste Holzversorgung nach Plan: Mit systematischem »Stockhieb« und vorsorglich ausgeastetem Stangenholz gab es eine Art von Waldwirtschaft, über die die Dendroarchäologen ein Stück prähistorischer Umwelt rekonstruieren können.

Pfahlfelder und ihre Interpretation

Mittlerweile weiß man, daß die riesigen Pfahlfelder, die den Forschern lange Zeit hindurch Kopfschmerzen bereitet haben, erst nach und nach entstanden sind. Immer dann wurden neue Pfähle in den Untergrund getrieben, wenn ein Haus erneuert oder renoviert wurde.

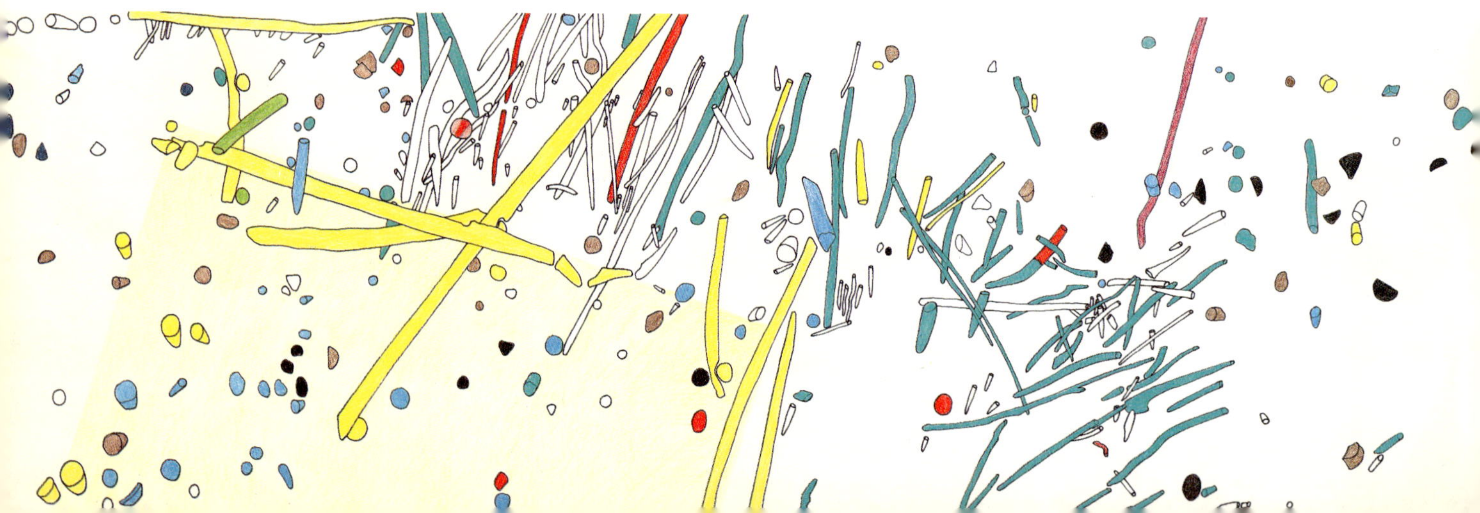

Abb. 53 Ausschnitt aus dem Pfahlfeld der Pfyner Siedlungen von Wangen. Unterschiedlich koloriert lassen die botanisch bestimmten Holzarten den Ausschnitt eines Stangenzauns und den Teil eines Hausgrundrisses erkennen. Mehrere tragende Pfosten sind am Grund abgebrochen und umgestürzt. Esche (gelb), Hasel (grün), Pappel (blau), Ahorn (rot), Weide (braun).

Abb. 54 Pfahlfeldausschnitt von Hornstaad-Hörnle I: Jeweils gleichzeitig geschlagene Hölzer ließen sich mit Hilfe der Dendrochronologie zu Hausgrundrissen verbinden. Die Gebäude der älteren Siedlung (A) wurden innerhalb von 4 Jahren um 4000 v. Chr. errichtet und sind noch nicht exakt datiert. Die Gebäude der jüngeren Siedlung (B) wurden zwischen 3586 und 3507 errichtet und mehrfach umgebaut.

Da für das tragende Gerüst häufig eine einzige Holzart verwendet wurde, lassen sich mit Geduld inmitten des Gewirrs aus unterschiedlichen zusammengestürzten Konstruktionsteilen etwa wie in Wangen die Eschenpfosten eines Hausgrundrisses auffinden oder Zaunreihen aus Hasel. Bunt eingefärbte Pläne mit den Ergebnissen der Holzanalysen sagen bereits weitaus mehr über die Struktur eines Dorfes als ein einfacher Pfahlplan, da sie einen detaillierten Einblick in Bauzusammenhänge erlauben. Umrisse, Dorfbegrenzungen und Ausrichtung der Gebäude werden daraus ersichtlich.

Eine weitere Möglichkeit, Ordnung in die Pfahlwildnis zu bekommen, bietet die Dendrochronologie, denn sie kann gleichzeitig geschlagene und mit aller Wahrscheinlichkeit dann auch im gleichen Zeitraum verbaute Hölzer erkennen. Besonders eifrige Bauaktivität konstatierten die Forscher am westlichen Bodensee zwischen 3586 und 3500 v. Chr., als bei Markelfingen, Hornstaad, Steckborn und Wangen mindestens vier Dörfer entstanden. Mit Datierungen lassen sich Umbauphasen und Erneuerungen ebenfalls entschlüsseln, wodurch die Dorfpläne weiter differenziert werden. So erkannte man in Hornstaad zwei übereinanderliegende Dorfanlagen aus verschiedenen Zeiten. Im jüngeren Teil stehen auch die häufig nötiggewordenen Umbauphasen fest: Innerhalb von knapp 80 Jahren, zwischen 3586 und 3507 v. Ch., wurde insgesamt fünfmal renoviert. Jede Generation, so vermuten die Archäologen, hat an den Häusern, deren durchschnittliche Lebensdauer bei 15–20 Jahren lag, erneut herumgebaut.

Die Siedlung Hornstaad-Hörnle I

Am Hörnle, wie Einheimische das Gelände an der Spitze der Halbinsel Höri nennen, sind in der 300–500 m breiten Flachwasserzone fünf Siedlungsplätze bekannt. Einer davon, Hörnle I, wird seit 1983 großflächig ausgegraben. Seit Beginn des Schwerpunktprogramms wurden während der winterlichen Grabungen am Hörnle etwa 700 m^2 geöffnet. Mit 130 Probebohrungen wurde zuvor nach der optimalen Stelle für die Plazierung des ungefähr 100 m^2 großen Zeltes gefahndet. Allerdings kommen ebenfalls schnell versetzbare Kleinzelte und ein 4 m^2 großer Caisson zum Einsatz. Die jägerische Tradition der Mittelsteinzeit scheint in Hornstaad-Hörnle I noch lebendig – jedenfalls im älteren der beiden übereinanderliegenden Dörfer. Aufgrund von kalibrierten C14-Daten dürfte diese früheste Ansiedlung am Platze um 4000 v. Chr. bestanden haben. Sie hat drei Kulturschichthorizonte hinterlassen, insgesamt etwa 35 cm mächtig, die als Kulturschichtpaket A bezeichnet werden und unter einer bis zu 30 cm starken Seekreideschicht liegen. Eine für Archäologen einzigartige Situation hat sich in ihrem zweiten Horizont erhalten, wo nach einem Siedlungsbrand eine Brandschuttschicht aus verziegeltem Lehm, Holzkohle und Getreide übriggeblieben ist. Kein verlassenes oder ausgeräumtes Dorf also präsentiert sich da dem Forscher, sondern eine einmalige Momentaufnahme quer durch eine jungsteinzeitliche Siedlung; verbrannt zwar, unter dem Seeschlamm vergraben, doch kaum abgespült und besonders aussagekräftig, weil die angekohlten Reste noch an ihren ehemaligen Plätzen liegen. Sogar eine Perlenkette hatte im ursprünglichen Verband überdauert. Netzsenker, zusammengehörige Werkzeugsätze, Konzentrationen von Silex-Abschlägen, Halbfabrikate und andere Abfälle der Perlenproduktion häufen sich in jeweils eng umgrenzten Bereichen, so daß hier günstige Voraussetzungen bestehen, innere Strukturen der Dorfgemeinschaft zu rekonstruieren.

Solche Fundverteilungen an genau ersichtlichen Plätzen versprechen ähnlich wie die getreidegefüllten Vorratsgefäße genauere Einblicke in Organisation und Nutzung des Wohnbereichs. Bisher wurden sechs Hausgrundrisse aus der ersten Siedlungsphase aufgedeckt. Bei einem Siedlungsareal von insgesamt ca. 5000 m^2 kann man die Dorfanlage auf 30 bis 40 Gebäude schätzen; sie standen, anders als die späteren, in lockeren Reihen mit den Giebelseiten zum Wasser.

Die frühen Keramikfunde vom Hörnle, feine, flachbödige und polierte Ware, größtenteils ohne jedes Dekor, rechnen die Fachleute zur sog. »Hornstaader Gruppe«, weil sie sich, trotz Übereinstimmungen, von den bekannteren Kulturen »Pfyn« und »Schussenried« unterscheiden. In mindestens zwölf weiteren Bodenseesiedlungen dieser Zeit, darunter in Hemmenhofen und in Nußdorf, sind sowohl diese Keramik, wie auch die zur Schmuckherstellung nötigen »Dikkenbännlibohrer« vertreten. Jene frühe Dorfanlage am Hörnle I ist nicht nur hervorragend erhalten, sondern sie gehört zu den ältesten Uferrandsiedlungen überhaupt und läßt deshalb hoffen, daß man eines Tages vielleicht verstehen wird, wie alles anfing. Dagegen bietet die jüngere Siedlung aus der »Pfyner Kultur« am Hörnle weniger Erkenntnismöglichkeiten, u. a. weil die dazugehörige Kulturschicht B zum großen Teil abgetragen und verspült ist.

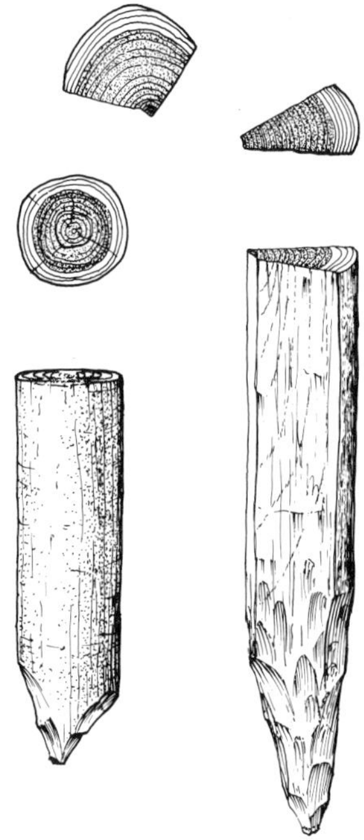

Abb. 55 Verschiedene Pfahlquerschnitte und Pfahlspitzen aus Hornstaad-Hörnle I.

Abb. 56 Ausgrabungsfläche in Hornstaad-Hörnle I mit Pfahlfeld und umgestürzten Ständern, die in Pfahlschuhe verzapft sind.

HORNSTAAD 80
„HÖRNLE I“
SCHNITT: 10
20.3.80

Pfahlhäuser

So global wie zur Zeit der wissenschaftlichen Debatten um das »Pfahlbauproblem« in den Jahren zwischen 1925 und 1954 kann man heute nicht mehr argumentieren. Das wäre ein Rückfall in Dogmen, die aufgrund neuerer Kenntnisse unhaltbar geworden sind. Bis jetzt wurde am Bodensee, wie auch an allen anderen Voralpenseen, keine einzige ebenerdige Hauskonstruktion – wie etwa am Federsee – nachgewiesen. Allerdings läßt sich auch daraus noch nicht mit Gewißheit schließen, daß durchgehend abgehoben gebaut wurde. Die eindeutigen Beweise dafür könnten durch häufige Überflutung und Abspülung der Befunde verwischt worden sein. Also kann man nur dort genaue Aussagen machen, wo die Oberfläche des einstigen Bodenniveaus unberührt erhalten geblieben oder wo die Grabungssituation detailliert Einblicke in die Bauweise erbracht hat. Zum Glück für die Archäologie fielen mehrere Ufersiedlungen, darunter auch Hornstaad-Hörnle I, einem Brand zum Opfer. Die Katastrophe von einst legte die Siedlung in Schutt und Asche, Lehmwände stürzten ein und begruben die Dinge in unverrückbarer, quasi versiegelter Situation. Darunter tauchten nirgends auch nur Reste von Prügelböden, von Estrichlagen oder anderen Indizien für eine ebenerdige Hausanlage auf.

In den ältesten Siedlungsschichten fand man endlich die langersehnten Bauelemente, mit ihnen eine erste Antwort auf die uralte Frage, wie denn Pfahlbauten wirklich ausgesehen haben mögen. Das Dach der etwa 3,5 × 7 m großen Gebäude wurde von Stangen mit behauener Astgabel getragen. Diese Ständer rammte man jedoch nicht direkt in den Uferschlamm: Sie waren in liegende Holzteile oder Flecklinge eingezapft, damit sich das Gewicht von den stehenden auf die waagerechten, am Seegrund liegenden Hölzer verteilte. Die »Pfahlschuhe« garantierten wie »Schneeschuhe« den Halt vorm Einsinken. Ein vollständig erhaltener Ständer aus einer seitlichen Hauswand läßt mit Sicherheit auf eine Höhe von 4 m schließen. Das bedeutet, daß die Giebel an der Stirnseite des Gebäudes etwa 5–6 m hoch gewesen sein müssen. Selbst wenn der Fußboden

Abb. 58 Vollständiger Dachständer von Hornstaad. Die Figur zum Größenvergleich mißt 1,70 m.

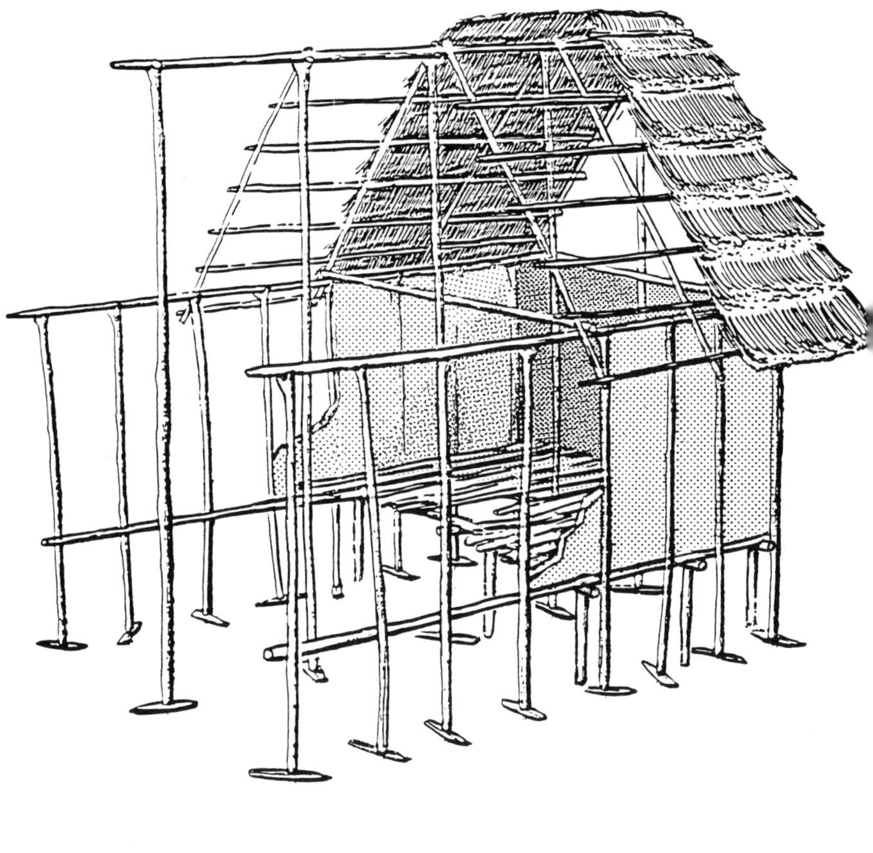

Abb. 57 Rekonstruktionsversuch eines Gebäudes mit Pfahlschuhen von Hornstaad-Hörnle I.

ziemlich weit über dem Seegrund eingezogen worden wäre, hätte bei einer so beeindruckenden Gebäudehöhe keiner der Bewohner seinen Kopf anstoßen müssen. Allerdings liegen noch keine genauen Anhaltspunkte darüber vor, wie groß die Distanz zwischen Hausböden und Baugrund tatsächlich war. Seewärts gelegene Häuser auf dem um 1 m abfallenden Siedlungsgelände mußten in jedem Fall besser gegen Wasseranstieg gerüstet sein. Doch wie ein breiter Spülsaum aus Wasserschnecken verdeutlicht, wurden selbst die landwärtigen Punkte des Siedlungsareals von periodischen Hochwassern erreicht. Wollte man Überflutungen entgehen, mußte also auch hier bodenfrei gebaut werden. Ferien- und Badehäuser in ähnlicher Uferlage am Bodensee haben heute 2 m hohe Pfähle oder Sockel.

Außer den Flecklingskonstruktionen entdeckten die Archäologen auch Eichenpfählungen, die zu ein und demselben Gebäude gehörten. Wie eine solche kombinierte Konstruktion im Detail ausgesehen haben mag, ist unklar. Es wird jedoch vermutet, daß die unterschiedlichen Trägerkonstruktionen größere Sicherheit garantierten. Die hochaufragenden Flecklingskonstruktionen trugen das Dach, während der Boden und eventuell die Seitenwände auf den massiven, mehr als 1 m in den Grund gerammten Eichenpfählen geruht haben dürften.

In der jungsteinzeitlichen Siedlung Ödenahlen am Federsee fand sich ein weiteres, aufschlußreiches Bauelement: ein senkrechtes eichenes Spaltholz, durch das eine Stange gesteckt war, die wiederum auf einem hölzernen Unterzug lag. Aus der Moorsiedlung Thayngen-Weier im Kanton Schaffhausen liegt bisher ein vergleichbarer Befund vor. Dort wurden 1950 und 1963 »Stelzbauten« ausgegraben. Die Wohnböden dieser Pfahlbauhäuser, deren Gewicht die Unterzüge auf eine größere Fläche verteilten, waren 80 cm vom Grund abgehoben.

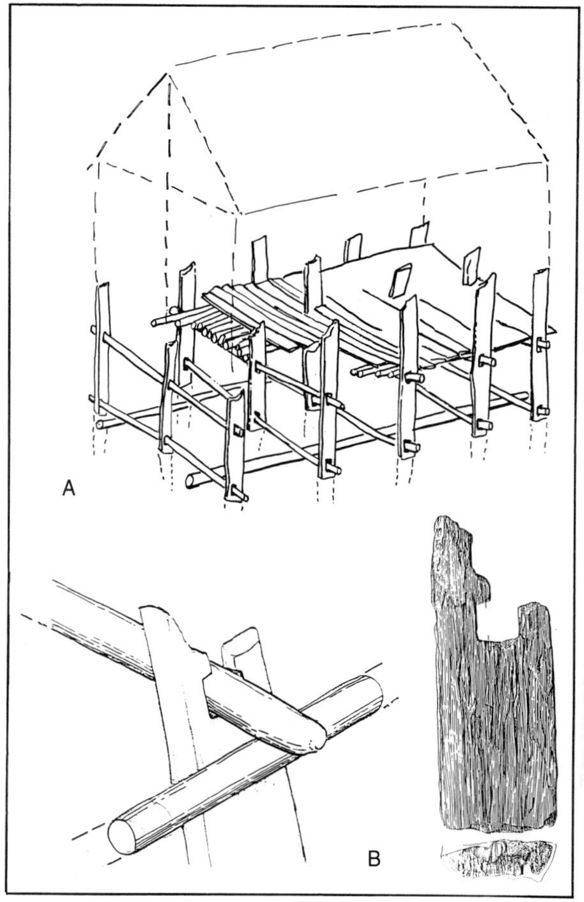

Abb. 59 Konstruktionsprinzip eines Stelzbaus nach den Ausgrabungen in Thayngen-Weier (A), entsprechendes Bauelement aus der Siedlung Ödenahlen (B).

Konstruktionselemente

Obwohl sich im Laufe der Zeit die Konstruktionsprinzipien in den Ufer- und Moorsiedlungen wandelten, so machte man sich doch zu keiner Zeit die Mühe, das Bauholz zu entrinden. Benützt wurden einfache, runde Stangen, ganz oder zu Hälblingen gespalten; aus dickeren Stämmen teilte man mehrere Radialspältlinge. Mit besonderer Sorgfalt fertigte man die zur Konstruktion der Fußböden nötigen Bretter. Langsam gewachsenes, engringiges und deshalb leicht spaltbares Eichenholz wurde eigens dazu ausgewählt. Die in der frühesten Hornstaader Siedlung verbauten geraden Hasel-, Erlen- und Eschenstangen verraten, daß sie nicht nur mit Bedacht ausgesucht, sondern im Hinblick auf ihre spätere Verwendung schon Jahre vor dem Holzeinschlag durch die Entfernung von Seitenästen herangezogen wurden. Ihr Durchmesser beschränkte sich, auch für die tiefgreifenden, meistens eichenen Pfählungen, auf 10–15 cm. Aus ebenso dünnen Stämmen sind auch die Flecklinge vom Hörnle gespalten worden; in die 50–100 cm langen, am Seegrund liegenden Teile stemmte man ein rechteckiges Loch. Die durchgesteckten, nur wenig in den Schlamm reichenden Zapfen dienten der Verankerung, während das Gewicht der tragenden Hauskonstruktion auf den Flecklingen selbst ruhte. Es ist einigermaßen erstaunlich, daß aus dem weiteren Verlauf der Jungsteinzeit kaum mehr Belege für solche Pfahlschuhe – ein im weichen Baugrund überaus sinnvolles Prinzip – aufgetaucht sind. Vielmehr überwiegen nun 1–2 m tief eingerammte Spalthölzer aus Eiche. Von der Frühbronzezeit an griffen die Siedler wieder auf die ältere Technik zurück. Aus dieser Zeit sind zahlreiche, nun erheblich größer dimensionierte »Schlammplatten« bekannt. Sie wurden in der Siedlung Bodman-Schachen, vor allem aus kräftigeren Erlen mit einem Stammdurchmesser um 50 cm hergestellt. Wie wir es bereits aus Hornstaad kennen, sind auch hier einige Ständer der tragenden Konstruktion vollständig erhalten. An ihrem oberen Ende befindet sich jedoch keine Astgabel, sondern ein Zapfen; wiederum beträgt die Länge der Ständer 4 m. Bereits 1894 hatte Karl Schumacher in Bodman-Weiler einen vollständigen bronzezeitlichen Hausgrundriß mit 13 Flecklingen aus-

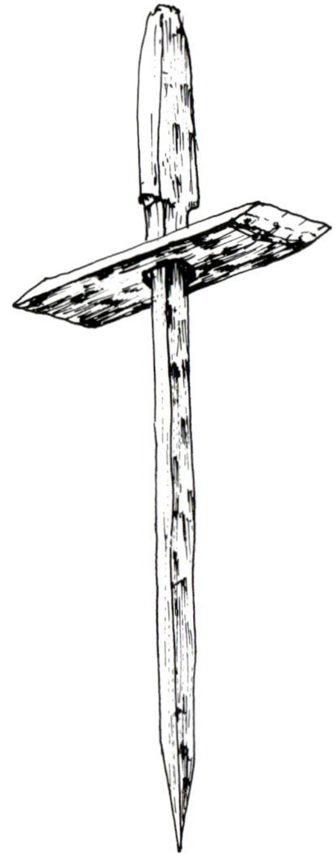

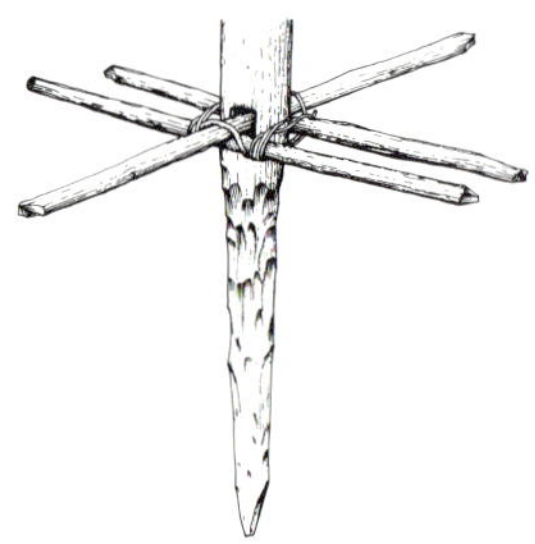

gegraben. Die durchgesteckten und bereits fachmännisch bebeilten Ständer reichten bis zu 1,30 m in den Seegrund, und damit viel tiefer, als das in Hornstaad üblich war. Sie trugen wohl den Hauptanteil des Gewichts, während die Flecklinge das Ganze zusätzlich absicherten. Drei frühbronzezeitliche Kulturschichten liegen in Bodman-Schachen übereinander. In der untersten entdeckten die Taucher eine weitere, aus der Bronzezeit in Südwestdeutschland bislang unbekannte Konstruktion, die an die Stelzbauten von Ödenahlen erinnert. Das Gewicht wird dabei nicht über Flecklinge verlagert, sondern ruht auf einem Prügelrost. Die Last wird von einem waagerecht durch den Pfahl gesteckten Holzstück auf zwei zusammengebundene Unterzüge übertragen. Übereinstimmungen mit dieser seltenen Lösung finden sich an Konstruktionen in der ebenfalls bronzezeitlichen Pfahlbaustation Fiave in Norditalien, die von einer Insel ins freie Wasser hinausgebaut worden war.

Abb. 60 Gabelförmiges Ende eines umgestürzten Dachständers in Hornstaad, überlagert von einem Pfahlschuh.

Abb. 61 Bronzezeitliche Flecklingskonstruktion von Bodman-Weiler nach K. Schumacher (1899).

Abb. 62 Lastübertragung durch Unterzüge in Bodman-Schachen.

Abb. 63 Schlammplatte der frühbronzezeitlichen Siedlung von Bodman-Schachen.

Abb. 64 Da die Zapfen in Hornstaad nicht weit in den Boden reichten, stürzten die Konstruktionen leicht um und blieben vollständig erhalten.

Moorbauten

Nur dort, wo selten Hochwasser zu erwarten war, konnte man es wagen, ebenerdig zu bauen. Wo der Wellenschlag Fußböden und Holzbauteile nicht zerstörte, blieben sie überdies am besten erhalten. Also finden wir zu ebener Erde angelegte Bauten an den vermoorten Ufern kleiner Seen, selten auch in Flußtälern. Die Federseegrabungen der zwanziger Jahre brachten allein in Aichbühl 23 Holzfußböden ans Licht, in Riedschachen, im Taubried und im Dullenried wurden zahlreiche weitere Gebäude ausgegraben, so daß man über die Häuser dieses Gebietes ziemlich gut Bescheid weiß, zumal der gleiche Bautyp auch anderswo noch angetroffen wurde. Die Siedlung Ehrenstein bei Ulm etwa bietet ein ähnliches Bild.

In der Regel hatten die ebenerdigen Gebäude eine Grundfläche von annähernd 4 × 6 m, wobei der kleinere, im Eingangsbereich abgetrennte Teil mit einem Backofen ausgestattet war und wohl so etwas wie eine Wirtschaftsküche darstellte. Eine zusätzliche steingepflasterte Feuerstelle befand sich im Hauptraum. Im Innern des Ofens waren die Backflächen mit Lehm ausgestrichen, darunter sorgten Rindenlagen oder Steinpackungen für eine gute Wärmedämmung. Die Kuppeln dieser Backvorrichtungen erhielten ihre Form durch ein innen und außen lehmver-

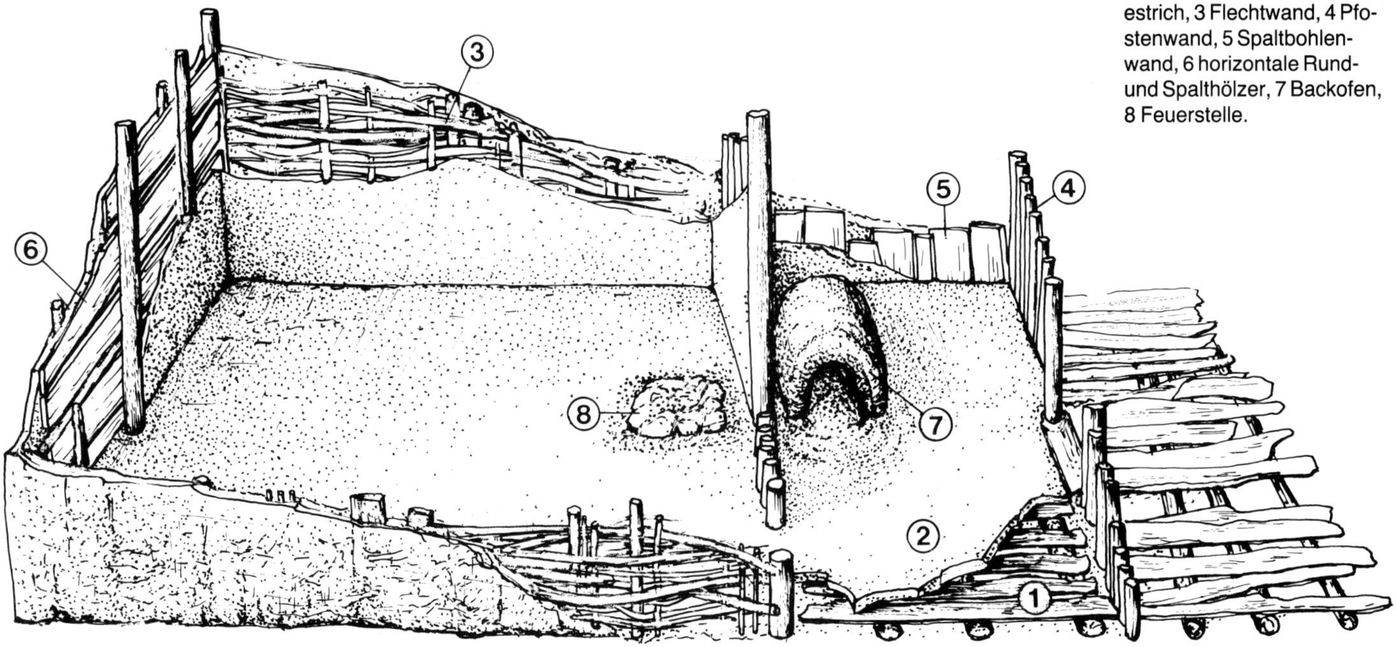

Abb. 65 Teilrekonstruktion eines zweiräumigen Hauses nach den Befunden von Ehrenstein, nach H. Zürn (1965): 1 Holzboden, 2 Lehmestrich, 3 Flechtwand, 4 Pfostenwand, 5 Spaltbohlenwand, 6 horizontale Rund- und Spalthölzer, 7 Backofen, 8 Feuerstelle.

schmiertes Rutengeflecht. Die einzige, dem Raum zugewandte Öffnung diente gleichzeitig zum Feuern und Beschicken des Ofens; sie dürfte mit einer Steinplatte verschlossen worden sein. Mit einer Art Lehmestrich wurden auch die mit Bohlen, Prügeln oder Brettern ausgelegten Hausböden und Vorplätze versäubert. Feuchten, schwierigen Baugrund mußte man vorher mit Schwellhölzern auslegen, um ein ungleiches Absinken des Bodens zu verhindern. Kreuzweise übereinandergelegte Hölzer gewährten dabei bereits eine geringe Bodenfreiheit. Für die Wände gab es verschiedene Konstruktionsprinzipien, die in Ehrenstein sogar an ein und demselben Gebäude kombiniert vorkommen. Flechtwände, meist aus Hasel und Weidenruten, waren mit Lehm beworfen; auch stabilere Wände aus senkrecht stehenden oder horizontal aufeinandergeschichteten Spalthölzern verschmierte man mit Lehm. Wandfragmente, die bei Brandkatastrophen verziegelten, tragen heute noch Abdrücke davon. Im Taubried und Ödenahlen halten senkrechte Stangen horizontal aufeinandergesetzte Prügel zusammen. Die Last der Satteldächer ruhte oft weder auf den Wandfüllungen, noch auf dem Fußboden: Dazu diente ein eigenes »Gerüst« aus drei Pfostenreihen, die 1–2 m tief in den Grund gerammt waren. Giebelhöhen von 6 m

Abb. 66–68 Einräumiges Haus der Siedlung Taubried. 66 Rekonstruktion, 67 originaler Grabungsbefund des Fußbodens mit Backofen und Feuerstelle, 68 Schwellhölzer des Unterbaus, nach H. Reinerth (1929).

konnte man in Aichbühl aus Bauteilen errechnen. Vom Dach selbst ist jedoch kaum etwas erhalten: Rindenbahnen, Bretter oder Stroh kommen als Auflage in Frage. Auf eine ungewöhnliche, zweistöckige Bauweise verwiesen Zapfhölzer in Aichbühl, die erhalten blieben, weil sie bei einem Umbau des Hauses in dessen Fußboden geraten waren. Rekonstruktionen ergeben einen Kniestock, ein Obergeschoß auf einer ungefähr in 2,30 m Höhe eingezogenen Dekke. Die eichenen Hälblinge der Hauswände waren am unteren Ende durchlocht und im Baugrund mit einer Schnur zusammengezurrt worden, um das Ganze ineinanderzuhalten. Alle diese unterschiedlichen Konstruktionsprinzipien zeugen von bautechnischem Können und Erfindungsgabe. Hier wurden keine provisorischen Hütten errichtet sondern Häuser, die ihren Namen zu Recht tragen, weil sie mit Anstrengung und Aufwand verwirklicht wurden. Darüber hinaus wurden sie trotz kurzer, maximal Jahrzehnte währender Lebensdauer sorgfältig instandgehalten. Die Dendrochronologie ermittelte beispielsweise, daß man den Fußboden eines Hauses in Ehrenstein durch neue Holz- und Estrichlagen dreimal innerhalb von acht Jahren ersetzte. Einzig die Gebäude der Siedlung Dullenried schienen bislang aus dem bekannten Bauschema herauszufallen. Als einfache Reisighütten im Rundoval rekonstruiert, hielt man sie für den Beginn der Hausentwicklung am Federsee. Allerdings ist mittlerweile bekannt, daß sie aus der Endphase der Jungsteinzeit, aus der Horgener Kultur stammen und daß die unklaren, abgespülten Befunde außerdem eher zu Rechteckhäusern ergänzt werden müssen.

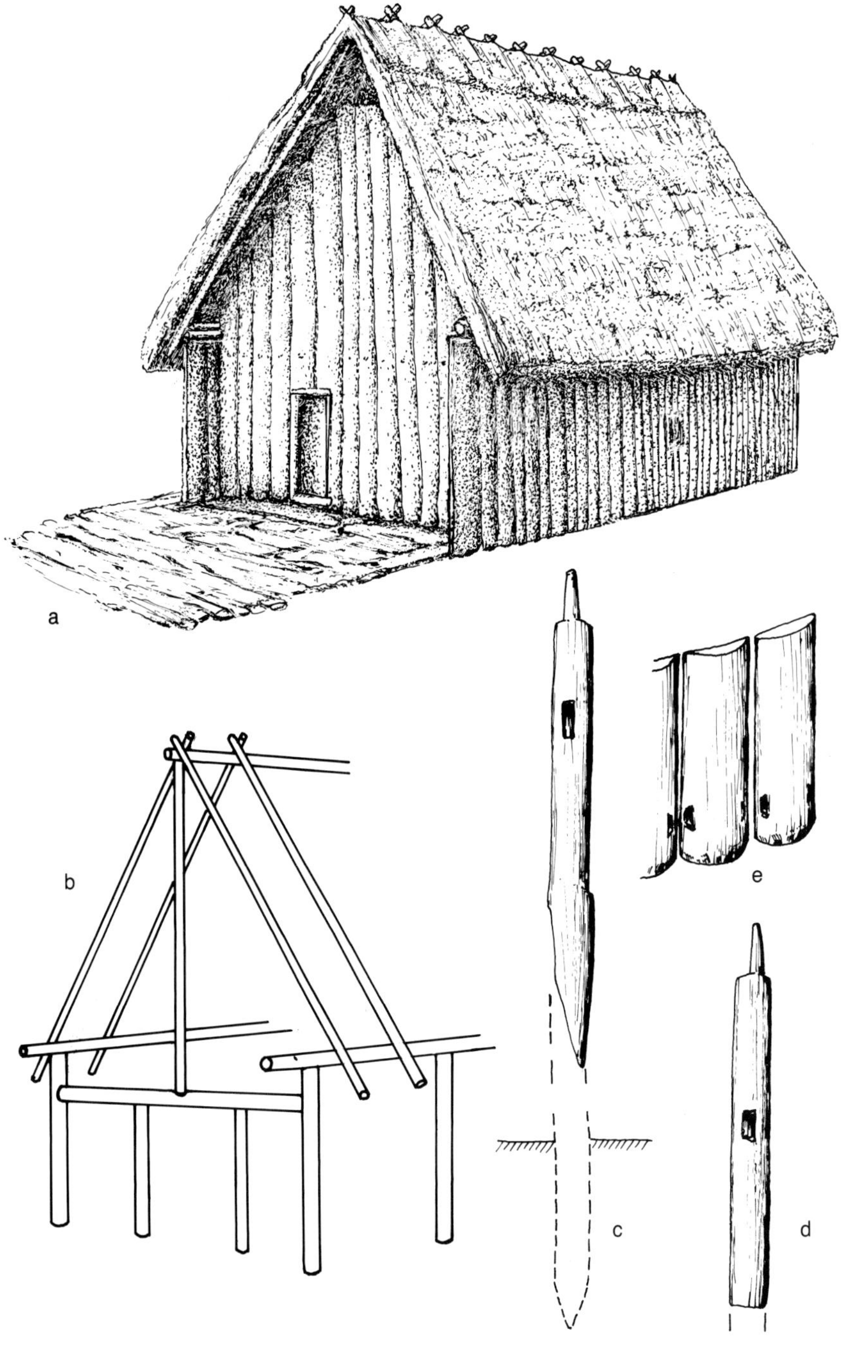

Abb. 69 Rekonstruktion eines zweiräumigen Hauses von Aichbühl, nach R. R. Schmidt aufgrund der Grabung von 1927 (a). Bei einem Umbau in den Fußboden geratene Hölzer (c, d) erlauben die Rekonstruktion eines Kniestockes (b). Die Wände waren aus senkrecht aneinandergestellten, halbierten Eichenstämmen und im Boden, wie originale Bauteile (e) ergaben, zusammengebunden.

Abb. 70 Freigelegter Hausboden mit steingepflasterter Feuerstelle in Reute-Schorrenried (1981).

Abb. 71 Ausgrabungsfläche in Ehrenstein (1960).

Das Siedlungsbild

Die Gesamtorganisation einer Siedlung, ihr Plan, läßt sich eigentlich erst dann durchschauen, wenn eine große Fläche des betreffenden Geländes ausgegraben ist. Für das Gebiet rings um den Federsee lagen schon 1937 von sechs komplett ausgegrabenen Siedlungen 126 Hausgrundrisse vor. Die jungsteinzeitlichen Dörfer umfaßten jeweils 4, 8, 18 und 23 Häuser. In den meisten Bodenseesiedlungen dagegen liegen Häuserzahl und Anordnung noch heute im dunkeln, obwohl die Luftbilder von Palisadensystemen und Pfahlfeldern erste Umrisse erkennen lassen, und auch dendrochronologische Untersuchungen bereits wichtige Detailkenntnisse liefern. Immerhin kann heute die Entstehungszeit sofort nachgeprüft werden, was bei den oberschwäbischen Siedlungen früher nicht möglich war. Insofern ist auch nicht klar, ob alle Gebäude der berühmten Station Aichbühl zur gleichen Zeit errichtet und bewohnt waren; erste Hochrechnungen in Wangen-Hinterhorn und in Sipplingen ergeben jedoch ebenfalls eine ungefähre Dorfgröße von 20 bis 40 Gebäuden. Ergänzt man die ergrabenen Häuser von Ehrenstein folgerichtig im Bereich der durch Bohrungen festgestellten Kulturschichtflächen, so müßten auch in dieser Siedlung mehr als 40 Häuser gestanden sein. Aichbühl kann als Prototyp für das Siedlungsbild des beginnenden Jungneolithikums in Oberschwaben angesehen werden. Die Häuser waren entlang von Dorfstraßen aufgereiht, es bestand Einigkeit über die Orientierung der Giebelseite zum Wasser hin. Die Gebäude scheinen in lockerer Folge nebeneinander errichtet worden zu sein, so wie sich das zwanglos im Zuge einer fortlaufenden Erweiterung des Dorfes ergab.

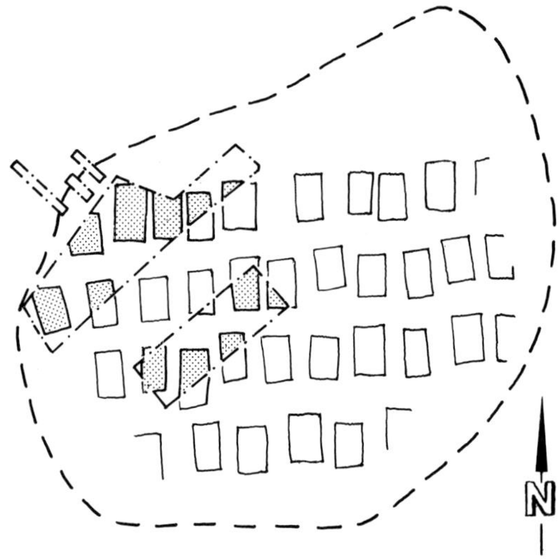

Abb. 72 Durch Bohrungen ermitteltes Areal der Siedlung Ehrenstein mit ergrabenen (schwarz) und entsprechend ergänzten (gerastert) Hausgrundrissen, nach O. Paret und H. Zürn aufgrund der Grabungen 1952 und 1960.

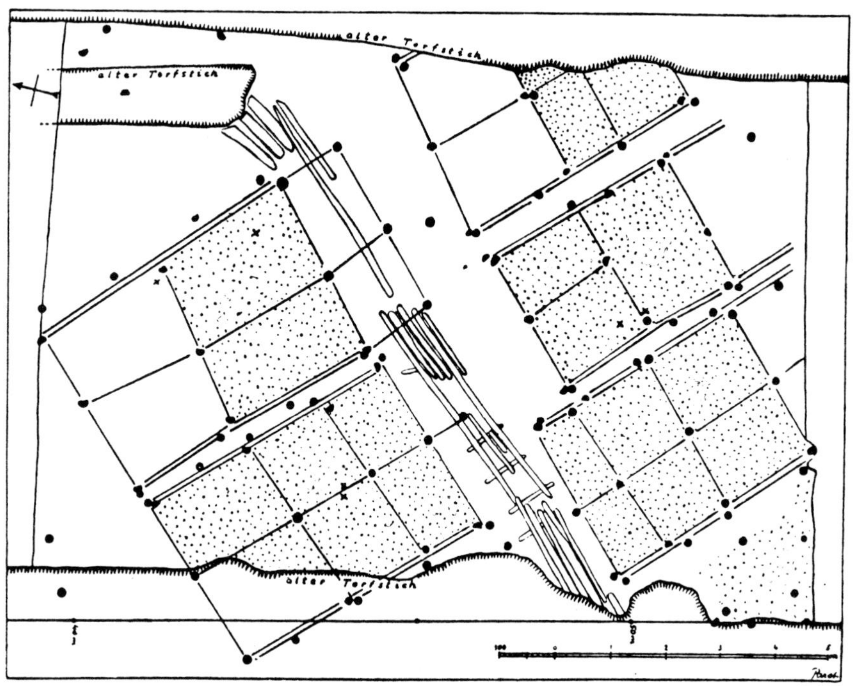

Abb. 73 Dorfausschnitt von Ruhestetten mit fünf Hausgrundrissen und einem Prügelweg nach O. Paret aufgrund der Grabungen 1936.

Abb. 74 Rekonstruktion der Gesamtanlage von Aichbühl nach Grabungsergebnissen von R. R. Schmidt (1919–1930).

Jedes Haus war mit einem Wohn- und Wirtschaftsteil ausgestattet, verfügte über Feuerstellen und Backofen und stellte damit wohl eine selbständige Wirtschaftseinheit dar. Die Bewohner, wahrscheinlich keine Kleinfamilien im heutigen Sinn, hatten alles, was zum Leben nötig war, um sich gruppiert. So wurden Scheunen oder eigens errichtete Vorratshäuser überflüssig. Derartige Nebengebäude sind selten und bislang lediglich in Ehrenstein zweifelsfrei nachgewiesen. Da in Aichbühl die einzigen Wege aus der Verbindung der holzgepflasterten Vorplätze bestanden, sonst jedoch weitere Gemeinschaftseinrichtungen fehlen, scheint die Anforderung der Gruppe wenig übergreifend gewesen zu sein. Deshalb ist es gewagt, ein einziges, besser gebautes Haus in Aichbühl als »Führerhaus« zu interpretieren. Aus den Ufersiedlungen lassen sich, alles in allem, derartige soziale Unterschiede nicht ablesen; viel hervorstechender ist dagegen die gleiche Ausstattung der Häuser, die eher auf Gleichwertigkeit im sozialen Gefüge hindeutet.
Aus Siedlungen der Schweiz weiß man, daß gegen Ende des Jungneolithikums hölzerne Viehstandplätze oder Ställe, dazu Plätze und Prügelwege den neuen Aufgaben entsprachen, die durch die verstärkte Rinderhaltung zu bewältigen waren. Auch aus der oberschwäbischen Sied-

lung von Ruhestetten ist solch ein Prügelweg bekannt. So fanden wirtschaftliche Veränderungen ihren unmittelbaren Niederschlag in der baulichen Organisation der Dörfer. Ihre grundlegende Umgestaltung begann jedoch im Endneolithikum, als sich ein neues Ordnungsprinzip durchsetzte.

Häuserreihen – Reihenhäuser

Nun nämlich formierten sich die Häuser in engen, Giebel an Giebel gestellten Reihen. Schon die Bewohner der jüngeren Hornstaader Siedlung hockten dicht aufeinander – in 8 × 4 m großen, Nord-Süd orientierten Häusern, wie die »Entwirrung des Pfahlfeldes« ergeben hat. Auch in den späteren Siedlungen der Horgener Kultur von Sipplingen hat diese Entwicklung Fuß gefaßt. Auf den Luftbildaufnahmen zeigen sich dichte, parallel zum Ufer verlaufende Pfahlreihen. Vieles scheint darauf hinzudeuten, daß dieses neue Siedlungsbild mit schmalen Gassen und eng aneinandergereihten Häusern ab dem Endneolithikum zum Maßstab wurde. Am Bodensee zumindest bleibt dieses rigide Gefüge bis in spätbronzezeitliche Siedlungen wie etwa Unteruhldingen vorherrschend. Daß sich mit einer stärkeren Gewichtung des allgemeinen Vorschriften und Gesetzmäßigkeiten auch ins Leben der einzelnen einschlichen, scheinen die Umbauphasen der Häuser zu belegen. Man hielt sich von nun an stärker an den einmal gewählten Grundriß; die Zeit der individuellen Standortwahl war vorbei. Waren die Siedlungen einst mobil und kurzlebig, so daß die Umbauten in schneller Folge ihre Spuren im Siedlungsbild hinterließen, so haben die Reihensiedlungen eine größere Kontinuität. Die dendrochronologischen Untersuchungen von Nachpfählungen in Sipplingen ergaben zusammenhängende Installationen von mindestens 40 Jahren, wo über zahlreiche Umbauphasen hinweg die Standorte pfahlgenau gewahrt wurden. Etwa zur gleichen Zeit hielten Bewohner in Auvernier Brise-Lames in der Westschweiz, über 100 Jahre an einmal gewählten Strukturen fest.

Daß dieses offensichtliche Zusammenrücken aus Schutzbedürfnis geschah, könnte aus den Dorfumzäunungen gefolgert werden, die zu Zeiten der frühen jungneolithischen Siedlungen in Aichbühl und Taubried noch nicht für nötig erachtet wurden. Auch in Hornstaad-Hörnle I kam man in der ersten Siedlung wahrscheinlich noch ohne Palisaden aus; in späteren Dörfern wurden sie immer wichtiger, breiter, mehrfach gestaffelt und sorgfältig in Schuß gehalten.

Abb. 75 Rekonstruktionsversuch einer Siedlung der Urnenfelderkultur am Bodensee, nach Luftaufnahmen und den Ergebnissen der Tauchuntersuchungen in Unteruhldingen (1982–1986).

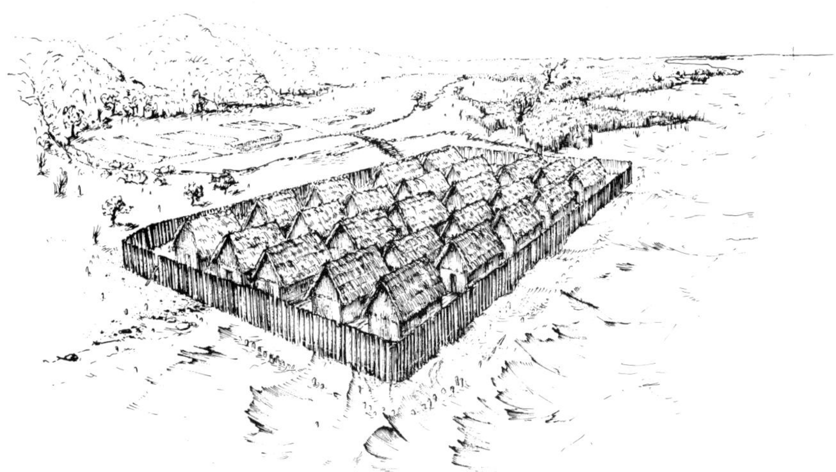

Abb. 76 Neben der schwimmenden Arbeitsbasis der Tauchuntersuchungen beim Sipplinger Osthafen sind freigespülte Pfahlreihen erkennbar.

Abb. 77 Aus der Luft wird bei Unteruhldingen der Plan einer mehrfach umgebauten Siedlungsanlage der Bronzezeit ersichtlich. Hinter Palisadenzügen liegen die Pfahlreihen der Innenbebauung.

Die »Siedlung Forschner«

Mit der »Siedlung Forschner« beginnt bereits der allmähliche Übergang von der Frühbronzezeit zur Endphase der Ufer- und Moorsiedlungen in der späten Bronzezeit. Als einzige Moorsiedlung nördlich der Alpen, die in die Mittelbronzezeit hineinreicht, ist sie von überregionaler Bedeutung wegen ihrer vermittelnden Zwischenstellung. Nur wenige Steinwürfe entfernt liegt die spätbronzezeitliche »Wasserburg Buchau«, wahrscheinlich die Nachfolgestation. So erhofft man sich hier wichtige Einblicke in die Kontinuität der Ansiedlungen im Federseebecken, aber auch in die moorgeologische Entwicklung, die ähnliche Probleme aufwirft wie die noch immer ungeklärte Insellage der »Wasserburg«. Die Häuser scheinen nämlich ebenso auf Niedermoortorf errichtet gewesen zu sein, der erst im Laufe der Zeit vom Wasser zu einem inselartigen Torfhorst abgespült wurde; darüber sollen pollenanalytische und stratigraphische Untersuchungen endlich Klarheit verschaffen. Bis 1975 lag die Siedlung von Archäologenspaten unberührt im Moor – dank der Schutzmaßnahmen, die ihr Entdecker, der Zahnarzt und Heimatforscher Heinrich Forschner in den zwanziger Jahren ergriff, als er einige Parzellen aufkaufte, um das Areal vor unkundiger Ausbeutung zu bewahren.

Mit einem komplizierten, mehrfach hintereinander gestaffelten Palisadensystem war die Station gegen das Umland abgegrenzt. Aus ihren Anfängen zwischen 1767 und 1730 v. Chr. stammt zudem eine regelrechte Holzmauer, sorgfältig bearbeitet und tief in die Mudde eingelassen. Aus dieser Zeit liegen auch erste Grundrisse von etwa 4 × 8 m großen Gebäuden vor, die in einer Häuserzeile angeordnet sind. Mit nur wenigen Hausbauteilen wurde eine dritte Bauphase um 1500 v. Chr. in die mittlere Bronzezeit datiert.

Fast alle ausgegrabenen Funde, vor allem Keramik, stammen aus dieser Periode, und aus dem neuen Werkmaterial Bronze fertigte man Gewandnadeln und Beilklingen. Ein Großteil des beweglichen Inventars dieser Zeit – Scherben, Werkzeuge, Waffen und Tierknochen – fanden die Ausgräber nicht mehr am ursprünglichen Platz, sondern als Spülsaum im Bereich der Palisaden. Eine Merkwürdigkeit, die die Wissenschaftler zu folgender Hypothese veranlaßt hat: Noch während oder kurz nach der Besiedlung muß eine Überschwemmung aufgetreten sein, die alles Ebenerdige abgeräumt und weggespült hat. Teile des verkleinerten Treibgutes konnten von den Palisaden aufgehalten werden. Offenbar standen die Häuser dicht genug am Wasser, um von den Transgressionen des Federsees überschwemmt zu werden. Leider ging damit die Kulturschicht, d.h. wertvolle Aussagemöglichkeiten der Pollen und pflanzlichen Großreste verloren. Die riesige Ausdehnung der Siedlung zeichnet sich schrittweise seit 1983 ab: Mindestens 12000 m^2 sind überbaut, mit den Palisaden wächst die Zahl auf 17000 m^2, wovon einige für immer unter einem naheliegenden Flugfeld begraben liegen. Große Flächen wurden durch die Torfstecherei in Mitleidenschaft gezogen. Mit 2700 m^2 wurde inzwischen ein Sechstel des Gesamtumfangs vorwiegend im südlichen, vom See abgewandten Teil der Siedlung ergraben.

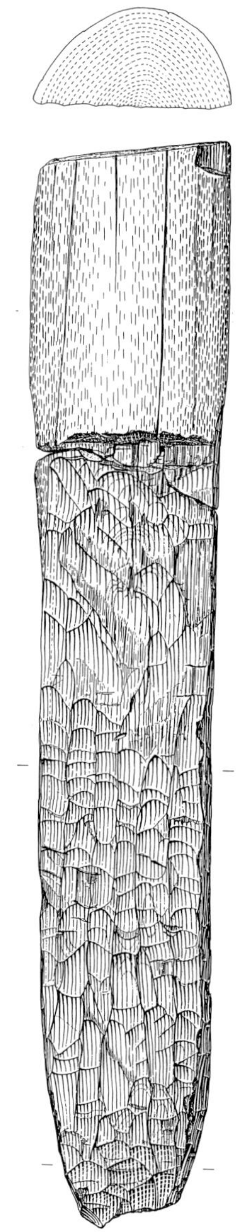

Abb. 78 Eichenpfosten der Siedlung Forschner aus einem halbierten Baumstamm. Der sorgfältig bebeilte untere Bereich saß offenbar bis zur Rast in einem Schwellholz.

Abb. 79 Das Ausgrabungsgelände in der Siedlung Forschner im Herbst 1984. Ein Teil der Grabungsschnitte ist bereits wieder mit Grassoden abgedeckt.

Abb. 80 Pfahlköpfe des Palisadensystems der Siedlung Forschner (1984).

Abb. 81 Freilegung einer umgestürzten Holzwand mit dem Industriestaubsauger, Siedlung Forschner (1984).

Die »Wasserburg Buchau«

Nicht nur als letzte bronzezeitliche Feuchtbodensiedlung im Federsee wurde die »Wasserburg Buchau« berühmt. Vielmehr erinnert allein schon die volkstümliche, darum nicht weniger irreführende Namengebung daran, daß der Siedlungsanlage ganz besondere Eigenschaften zugesprochen werden. Wie in vielen Städten in Wassernähe, so geht auch in Bad Buchau die Sage von einer versunkenen Stadt um. Als die »Wasserburg« in den zwanziger Jahren entdeckt und freigelegt wurde, waren es nicht nur die herausragenden Funde, die Forscher und Öffentlichkeit gleichermaßen erstaunten. Der außergewöhnlich wehrhafte Charakter der Anlage verführte zu gewagten Deutungen. So stellt sich heute die Frage, wie weit den Schlußfolgerungen von damals Gültigkeit zugestanden werden kann. Die populärwissenschaftlichen Vorberichte des Ausgräbers H. Reinerth lassen zwischen seiner Meinung und wirklich nachweisbaren Grabungsergebnissen nur schwer unterscheiden. Wie auch von Dullenried und von Taubried ist außer schematischen Grundrißzeichnungen und Fotos eine endgültige wissenschaftliche Vorlage noch nicht erfolgt.

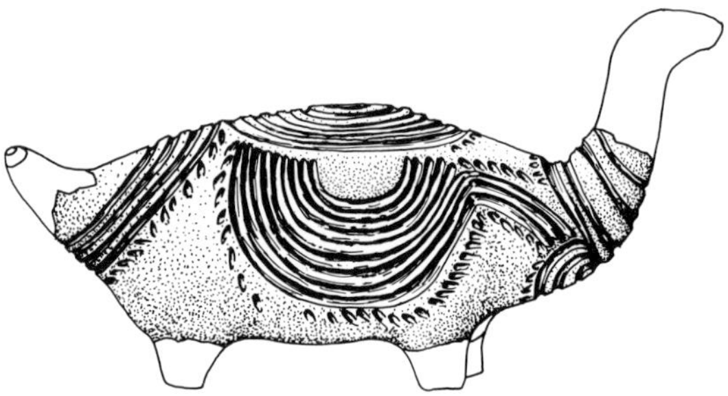

Abb. 82 Vogelförmiges Gefäß mit schnullerartigem Ausguß, wahrscheinlich zum Säugen von Kleinkindern, Wasserburg Buchau (Federseem.).

Neben der Insellage bleiben die angeblichen Wehrtürme und Brücken sowie die hufeisenförmigen Gehöfte aus der jüngeren Besiedlungsphase weiterhin fraglich. Die »Wasserburg« präsentiert sich als auffallend umschlossenes ovales Areal mit einem Durchmesser von ca. 150 m. Ein bis zu 1,50 m breiter Palisadenring aus 3 m tief eingetriebenen Kiefernstangen dürfte ähnlich wie in der Siedlung Forschner als dichte Pfahlwand bis zu 3 m über den Grund aufgeragt haben. Zwei gegenüberliegende Öffnungen, eine breitere zum See, eine schmalere zum flachen Land hin, machten die Siedlung zugänglich.

Das älteste der beiden übereinander errichteten Dörfer aus der Zeit um 1100 v. Ch. besteht aus 38 einräumigen, ebenerdigen Häusern, die lose um

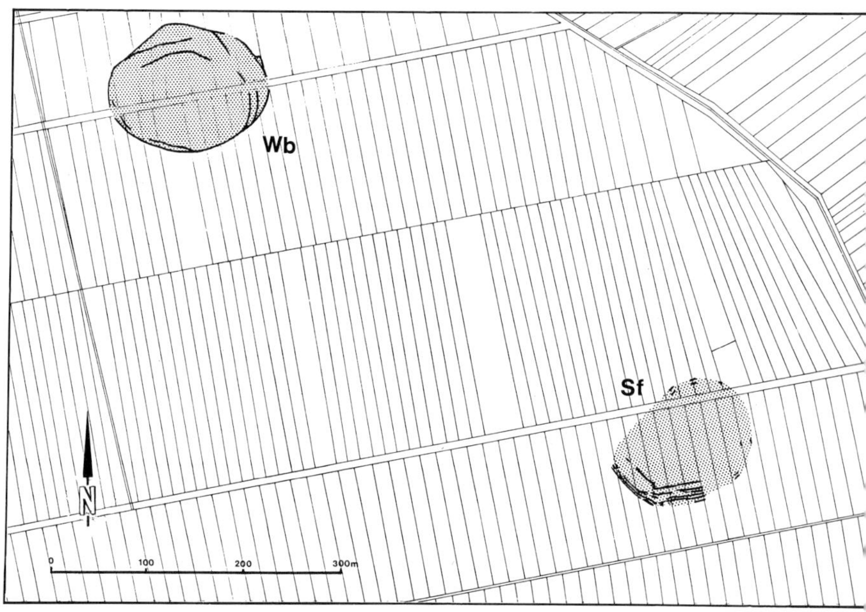

Abb. 83 Die »Siedlung Forschner« (Sf) und die »Wasserburg Buchau« (Wb) im Parzellennetz des südlichen Federseemoors.

einen zentralen Platz errichtet worden waren. Mit 16–20 m^2 sind sie zwar im Vergleich zu den jungsteinzeitlichen Bauten nicht sonderlich geräumig, dafür treffen wir hier neben den auch anderswo üblichen Flechtwandhütten zum erstenmal auf Blockbauweise. Technische Weiterentwicklungen wie das Bronzebeil machten diese neue Konstruktion, nun da Kerben und Zapfen mit problemloser Routine hergestellt werden konnten, möglich. Bis heute sind solche Bauten – zumal im Alpengebiet – weit verbreitet. Im jüngeren Siedlungsteil, etwa um 900 v. Chr. veränderte sich die Anordnung grundlegend. Nun rücken die Häuser alle ein wenig zusammen und nach Norden, so daß nach Süden hin eine größere Freifläche entsteht. Mehrere Häuser scheinen zu U-förmigen »Gehöften« angeordnet, wobei vorläufig unklar bleibt, ob sich hier nicht mehrere Bauphasen mit unterschiedlich orientierten Gebäuden überlagern. Auch diese Siedlung fiel einem Brand zum Opfer. Möglicherweise war das Ende der Dörfer gewaltsam, denn wertvolle Bronzen, Schmuck und Keramik waren mehrfach gesammelt vergraben worden und sind in unseren Tagen erst wieder zutage gekommen. 500 vollständig erhaltene Tongefäße konnten den Museen übergeben werden; Gußformen, Tondüsen vom Blasebalg des Bronzeschmieds und zahlreiche Bronzeobjekte dokumentieren die Fortschritte in der Technik der Metallherstellung. Im gesamten Federseegebiet häufen sich die Einbaumfunde; allein drei wurden unmittelbar im Palisadenbereich der »Wasserburg« gesichtet. Mit der »Wasserburg« findet eine Epoche ihr Ende: Von der frühen Eisenzeit an liegen die Siedlungen nicht mehr in Feuchtgebieten.

A

B

Abb. 84 Modell der älteren (A) und der jüngeren (B) Siedlungsphase der »Wasserburg Buchau« (Federseem.).

Keramik, ein Leitfossil

Noch vor der Anwendung naturwissenschaftlicher Datierungsmethoden galten den Archäologen die verschiedensten Charakteristika von Tongefäßen als Grundlage, um die Kulturzugehörigkeit der Siedlungen zu ermitteln und bestimmte Zeitabschnitte auseinanderzuhalten. Durch Formgebung, Muster und Verzierungstechnik besonders typische Keramikfunde erhielten den Namen ihres ersten bedeutenden Fundortes, der fortan, wenn anderswo Ähnliches auftauchte, als Leitbegriff benutzt wurde. Auch wenn sich ganz lebendige Assoziationen einstellen, so sind archäologische »Kulturen« und »Kulturgruppen« zunächst nichts anderes als künstlich gewählte Arbeitsbegriffe zur Wiedererkennung und Einordnung der Keramik. Vorausgesetzt wird dabei, daß die oftmals sehr weit auseinanderliegenden Dorfgemeinschaften miteinander in Kontakt standen und darüber einig waren, wie Gefäßformen und Verzierungen auszusehen hatten. Über das Kommunikationssystem, mit dem solche Beziehungen hatten hergestellt werden können, läßt sich mit archäologischen Methoden nur wenig aussagen. Ob sich hinter den formalen und technischen Übereinstimmungen der Fundkomplexe auch ethnische Einheiten, etwa Völker oder Stämme mit gleicher Sprache oder gemeinsamer gesellschaftlicher Organisation verbergen, ist ungewiß. Nur wenn die Kulturdefinition um andere Fundkategorien erweitert wird, wenn Stein- und Knochengeräte, Haus- und Siedlungsform sowie Begräbnissitten darin berücksichtigt werden, kann es gelingen, dieser Frage näher zu kommen.

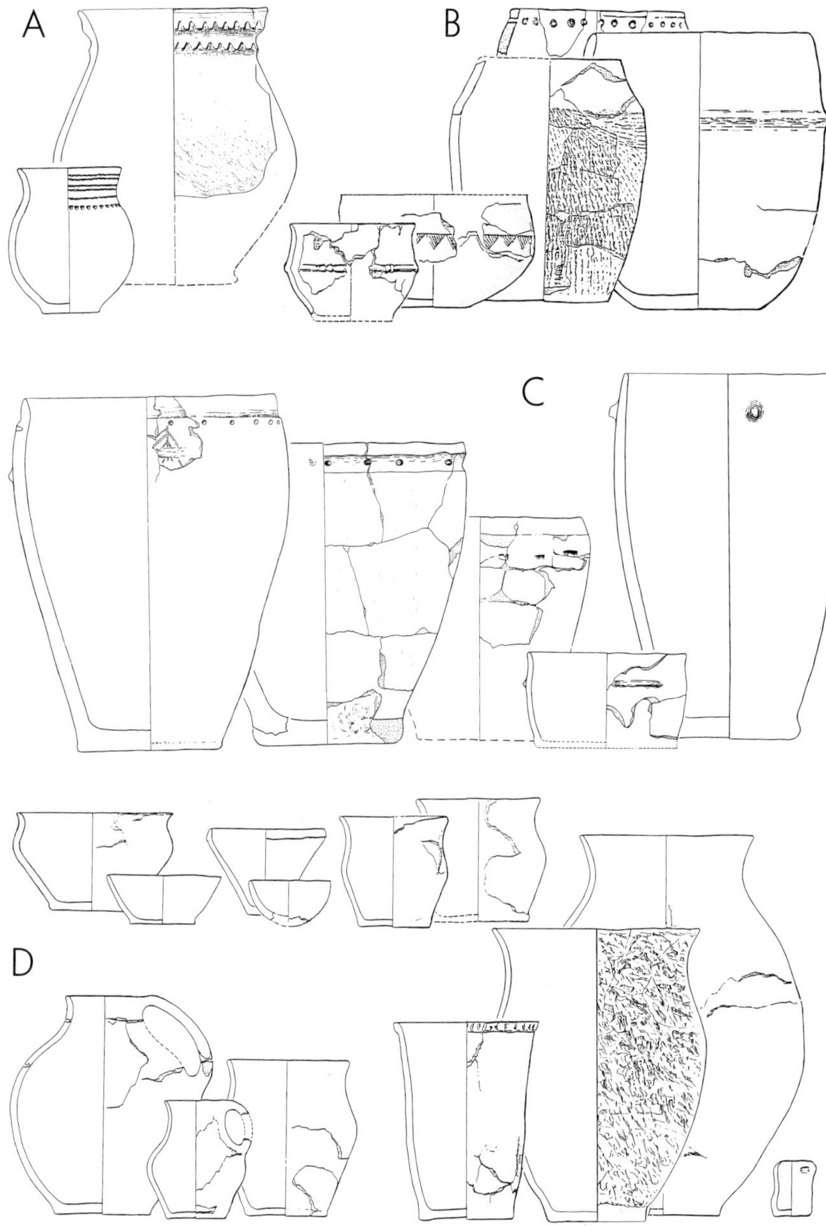

Abb. 85 Gefäßformen verschiedener Kulturgruppen: A Schnurkeramik (Hornstaad-Schlößle, Litzelstetten), B Goldberg III (Schrekkensee), C Horgener Kultur (Wangen, Nußdorf), D Pfyner Kultur (Wangen).

Abb. 86 Keramik der Hornstaader Gruppe aus dem namengebenden Fundort Hornstaad-Hörnle I.

Abb. 87 Keramik der Urnenfelderkultur, Wasserburg Buchau (links) und der frühen bis mittleren Bronzezeit, Siedlung Forschner (rechts), (Federseem. LDA).

Merkmale und Verbreitung

Nicht nur Muster und Form, sondern auch die Verzierungstechniken variieren in den unterschiedlichen Kulturgruppen, die regionale Schwerpunkte bilden. In mehreren Phasen der kulturellen Entwicklung ist der Raum Oberschwaben deutlich vom Bodenseegebiet, geschieden. Mit einer speziellen Stichtechnik, dem »Furchenstich« sind die Gefäße der »Aichbühler Kultur« in Oberschwaben verziert, während in der anschließenden »Schussenrieder Kultur« Ritzmuster bevorzugt wurden. Häufig mit einer weißen Paste inkrustriert, setzen sich die Verzierungen gegen die dunkel polierten Gefäßoberflächen ab. Aus der »Pfyner Kultur«, benannt nach einem Fundort im Kanton Thurgau, stammen am Bodensee vorwiegend glänzend schwarz polierte, unverzierte Töpfereien. Die Oberfläche von Kochtöpfen ist durch den Auftrag von Tonschlick oft künstlich gerauht. Nun tauchen aber auch aufschlußreiche Kontaktfunde auf. In »Pfyner« und »Schussenrieder« Siedlungen gibt es vereinzelt Keramik der »Michelsberger Kultur«, deren Verbreitungsschwerpunkt am Oberrhein, am Neckar und im niederrheinischen Gebiet liegen. Eine Mischung von Kulturmerkmalen aus Bayern und der Nordschweiz ging in die »Pfyn-Altheimer-Gruppe« Oberschwabens ein. Die »Hornstaader Gruppe« am Bodensee weist Merkmale von »Pfyn« und von »Schussenried« auf. Dagegen stellen die »Epirössener« Kugelbecher eine geographisch sehr viel weitreichendere Verbindung her, nämlich zwischen »Aichbühl«, der schweizerischen »Egolzwiler Kultur«, der französischen »Chasséen Kultur« und der »Bocca-Quadrata-Kultur« südlich der Alpen. Die Gefäße der endneolithischen »Horgener Kultur«, die von der Westschweiz bis nach Oberschwaben verbreitet ist, erkennt man an ihrer groben Machart, den häufig durchlochten Rändern und flüchtig geritzten symbolischen Zeichen, die an Tannenzweige oder sonnenartige Halbkreise erinnern. In den feuchten Ton eingedrückte Schnurmuster gaben der in Mitteleuropa verbreiteten »Schnurkeramik« ihren Namen.

Herstellung

In der Regel folgten die jungsteinzeitlichen Töpfer einem festgefügten, traditionellen Kanon von Gefäßformen, in dem Form und Funktion enge Entsprechungen hatten. Sämtliche Töpfe, Flaschen, Krüge, Schüsseln und Schalen wurden ohne Töpferscheibe aus der freien Hand in Wulsttechnik oder aus Tonlappen aufgesetzt und bei Temperaturen von 600 bis 800 Grad gebrannt. Langsam umlaufende Töpferscheiben benutzte man frühestens seit der späten Bronzezeit. Sowohl Formenvielfalt wie auch Qualität der Ware nehmen im Laufe des Neolithikums ab, als ob die mit der Töpferei Beschäftigten, wohl vermutlich die Frauen, ihr Hauptaugenmerk auf andere Tätigkeiten richten mußten. Im Vergleich mit den feinen, gut profilierten Gefäßen von Aichbühl, Schussenried und Hornstaad ist das Material vom Typ der »Horgener Kultur« weitaus gröber und weniger ausgestaltet. Näheres über die Verwendung des irdenen Geschirrs läßt sich dann sagen, wenn in den Gefäßen Spuren vom ehemaligen Gebrauch – Speisereste oder Vorräte – übriggeblieben sind.

Abb. 88 Kochtopf der Horgener Kultur, Wangen (LDA).

Abb. 89 Becher und Amphore der Urnenfelderkultur, Konstanz-Rauenegg (Rosgartenm.).

Abb. 90 Tulpenbecher der Michelsberger Kultur, Bodman (Rosgartenm.).

Abb. 91 Becher der Schnurkeramik, Hornstaad-Schlößle (Slg. Lang).

Abb. 92 Krug und Schale der Frühbronzezeit, Bodman-Schachen (LDA).

Abb. 93 Kochtopf der Pfyner Kultur, Bodman (LDA).

Abb. 94 Topf mit Schlickrauhung der Pfyner Kultur, Wallhausen (LDA).

Abb. 95 Becher der Aichbühler Kultur, Riedschachen (LDA).

Abb. 96 Krug der Schussenrieder Kultur, Riedschachen (Württ. Landesm.).

Holzgefäße und Rindenschachteln

Die jungsteinzeitlichen Holzgefäße, manche kugelig, schwerfällig, andere erstaunlich elegant, zählen zu den besonderen Funden in den Ufer- und Moorsiedlungen. Im Gegensatz zur Keramik waren ihre Formen nicht so vielfältig,. Der Grund dafür ist leicht einzusehen: Die Holzgefäße wurden nämlich in der Mehrzahl aus Maserholz herausgearbeitet, aus Geschwüren und Auswüchsen an den Baumstämmen. Form und Größe der Gefäße waren damit schon vorgegeben. Wieder einmal erkannten die jungsteinzeitlichen Menschen sehr genau, daß sie hier ein eigentümliches Material ohne allzuviel Arbeitsaufwand nützen konnten. Die Maserknollen wurden aus den Bäumen herausgehackt, innen mit Knochen- oder Steinmeißeln ausgehöhlt, dann glatt geschabt und geschliffen. Henkel, Griffe und Knubben sind immer an einem Stück aus der Gefäßwand gearbeitet. Vor allem Ahorn, seltener Esche, Eiche und Buche hat man dazu ausgewählt. Dank der verschlungenen Faserstruktur sind Maserholzgeräte stabil und widerstandsfähig; selbst bei Austrocknung reißen sie kaum. Deshalb dürften diese robusten Gefäße gerade zum täglichen Gebrauch richtig gewesen sein – als unzerbrechliche Schüssel, Tasse oder Schöpfkelle hatten sie gegenüber der Keramik einen entscheidenden Vorteil.

Rundböden, die bei der Keramik im südwestdeutschen Raum bereits mit dem Beginn des Jungneolithikums aus der Mode kamen, finden sich an den altertümlich anmutenden Holzgefäßen als unmittelbare Folge der Materialauswahl bis ins Endneolithikum. Dann erst tauchen vermehrt flachbodige Holzgefäße auf.

In den Kulturschichten der Horgener Kultur von Wangen lagen mehrere sorgfältig präparierte Abschnitte von hohlen Baumstämmen. Wie Vergleichsfunde aus der Schweiz zeigen, sind dies Rohmaterialstücke für große tonnenförmige Gefäße. Die Lösung, die für den Boden erdacht wurde, läßt uns heute schmunzeln: er wurde nämlich einfach eingenäht. Nicht nur, wenn es darum ging, Leder und Kleidungsstücke zusammenzubringen, wurde diese altbewährte, schon in den jägerischen Kulturen der Altsteinzeit praktizierte Technik angewandt. Auch bei der Herstellung von Rindenschachteln leistete sie treffliche Dienste; denn hatte man die Rindenbahnen noch in grünem Zustand vom Baum geschält, dann wurden daraus Deckel und Seitenteile zurechtgeschnitten und in der gewünschten Form vernäht. Mit einer Knochenahle ließen sich Löcher dazu vorstechen, als Zwirn dienten Bastfasern.

Abb. 98 Holzgefäße der Pfyn-Altheimer-Gruppe von Reute-Schorrenried aus Eichen- und Ahornholz.

Abb. 97 Angekohlte Rindenschachtel von Hornstaad-Hörnle I.

Gewebe und Geflechte

4000–6000 Jahre alt sind die unterschiedlichsten Textilien aus den Feuchtbodensiedlungen – vergängliche, feine Materialien, so möchte man meinen. Doch im Gegensatz zu Wollresten und Fellen, denen das basisch-feuchte Milieu nicht bekam, hatten Gewebe aus Flachs und Geflechte aus Bast, Binsen oder Rindenstreifen bis heute eine Überlebenschance. An ihnen lassen sich Rohstoffgewinnung wie Verarbeitungstechniken, teilweise auch noch der ehemalige Gebrauch nachvollziehen. Umständlich und aufwendig war die Prozedur zur Gewinnung von Flachs: Die Leinenstengel mußten im Wasser faulen, bis sich die Fasern nach dem Trocknen ausklopfen und mit dem Hechelkamm teilen ließen. Aus diesen Bündeln konnte dann der Faden gesponnen werden, zunächst mit einfachen Spinnstökken, wie sie heute noch in Skandinavien gebräuchlich sind. Ab der Horgener Kultur hat man zwar immer noch aus der Hand gesponnen, doch an den Spindeln waren nun tönerne Wirtel als Schwungrädchen angebracht. Gesponnen und gezwirnt wurden auch Bastfasern aus Baumrinden, vor allem von Linden und Eichen, die Gewebe sind jedoch aus Flachs. Was vom Webstuhl kam, hatte höchstens verschiedene Randsäumungen und Webkanten und eine Qualität, die hinter modernem Linnen nicht zurücksteht. Übriggeblieben sind von den einfachen Webstühlen nur unzählige tönerne Webgewichte, die die Zettel strafften. Die Produkte, wertvolle und strapazierbare Gewebe aus den Siedlungen Sipplingen, Wangen, Bodman und Hornstaad, wurden wahrscheinlich als Kleidungsstücke getragen.

Auch die viel benutzten und technisch hochwertigen Fischernetze waren aus Flachs geknüpft. Der Großteil der Gebrauchsgegenstände – Schnüre, Matten oder Körbe – waren aus der freien Hand gearbeitete Geflechte, denen man ihre einfache Herstellungsart nicht unbedingt ansieht, denn feine Zwirngeflechte sind den Geweben verblüffend ähnlich. Aus Wangen und Hornstaad stammen kegelförmige Vliesgeflechte, hutähnliche Gebilde aus Kettensträngen, die von zwirnförmigen Bindungen zusammengehalten werden, und in die Noppen mit freien Enden eingenäht sind, was an Fellimitationen erinnert. Ob das den Fremdkörper auf dem Kopf etwas organischer erscheinen lassen sollte? Körbe wurden aus Binsen- oder Grasstengel-Wülsten spiralförmig aufgebaut, ab der Bronzezeit – vergleichbar unseren Kartoffelkörben – auch aus Ruten geflochten.

Abb. 100 Spindel mit zugehörigem Spinnwirtel, Sipplingen (LDA).

Abb. 101 Fadenknäuel auf einem Spindelbruchstück, Sipplingen (LDA).

Abb. 102 Randabschluß eines Zwirngeflechtes aus Bast, Hornstaad.

Abb. 103/104 Dichte Zwirngeflechte, Hornstaad (LDA).

Abb. 105 Leinwandbindiges Gewebe aus Flachs, Wangen (LDA).

Abb. 106 Boden eines Wulstkorbes, Hornstaad (LDA).

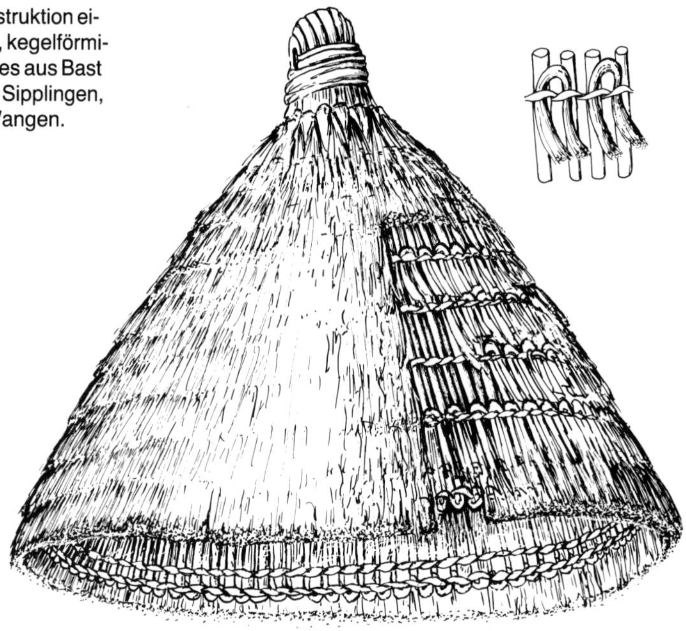

Abb. 99 Rekonstruktion eines hutähnlichen, kegelförmigen Vliesgeflechtes aus Bast nach Funden aus Sipplingen, Hornstaad und Wangen.

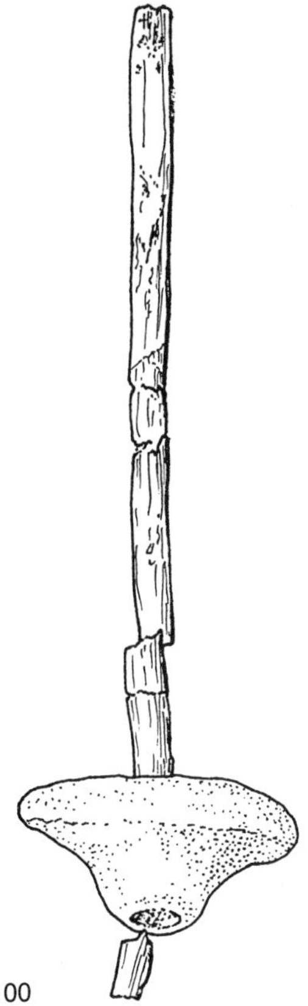

100

101

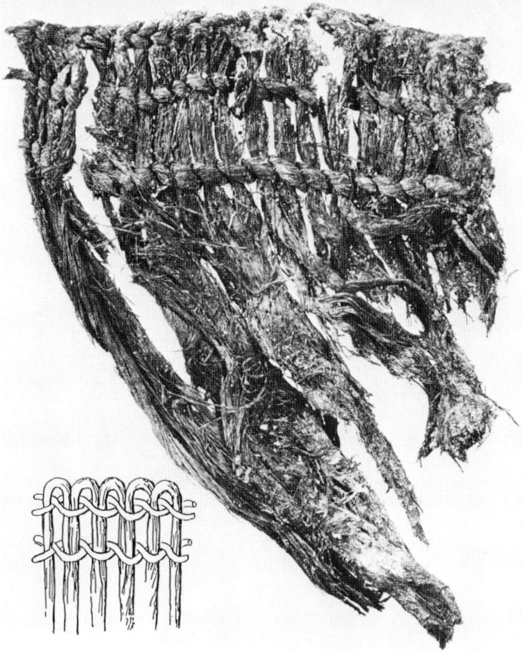

102

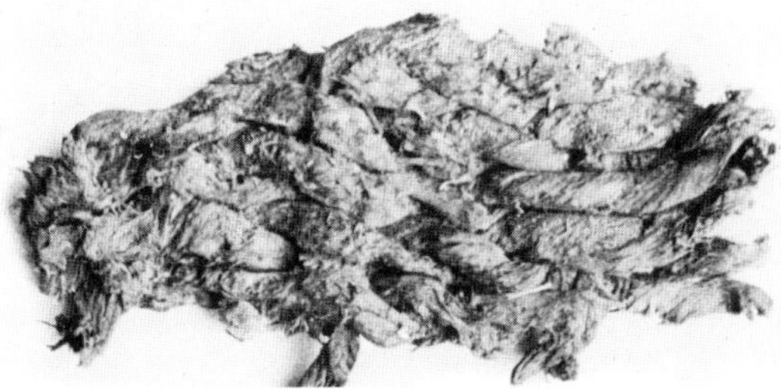

103 104

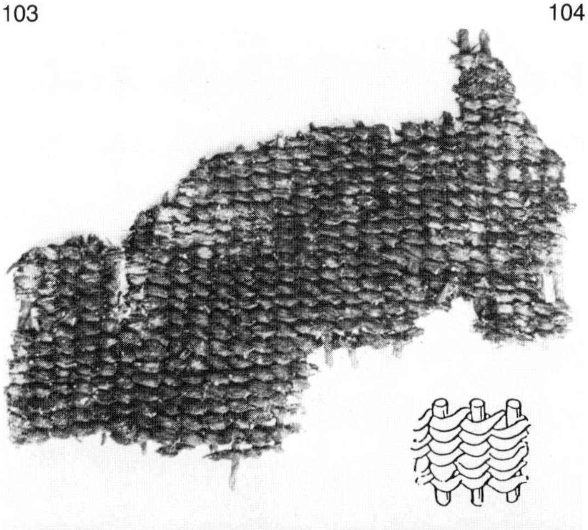

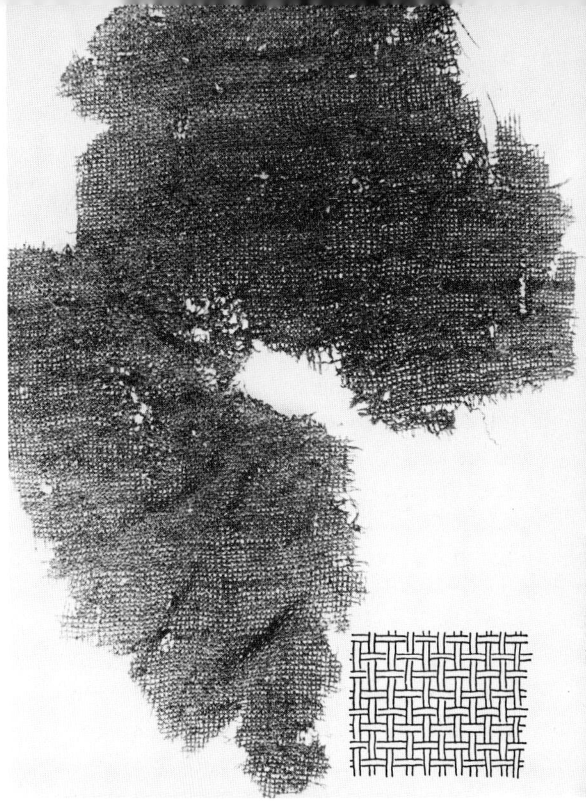

105 106

Silex, der »Stahl der Steinzeit«

Ohne ein besonders hartes, scharfes und widerstandsfähiges Material zur Herstellung von schneidenden Werkzeugen und Geräten ist ein Leben in der Steinzeit nur schwer vorstellbar, und bereits die Menschen der Altsteinzeit erkannten im Silex oder Feuerstein den geeigneten, unentbehrlichen Werkstoff: hart wie Glas und an den frischen Bruchkanten so scharf wie Rasierklingen. Deshalb ist es nicht allzu weit hergeholt, den Silex als »Stahl der Steinzeit« zu bezeichnen. Die Masse des Feuersteinmaterials in den Ufer- und Moorsiedlungen stammt aus der weiteren Umgebung, vor allem von der Schwäbischen Alb, wo in den Kalkbänken sog. Jurahornstein lagert. Wollten die Leute ihr Rohmaterial – faustgroße, vorwiegend aus Kieselsäure bestehende Knollen – selbst gewinnen, mußten sie vom westlichen Bodensee mindestens 10 km, vom Federsee aus 20 km bis zu den nächsten Vorkommen zurücklegen. Auch sammelten sie vereinzelt weniger wertvolle »Radiolarite«, rote und grünliche Feuersteine, die der eiszeitliche Rheingletscher in seinen Schottermassen von den Alpen bis zur Donau brachte.

Am »Isteiner Klotz« zwischen Basel und Freiburg hat man 1939 eine jungsteinzeitliche Silex-Abbaustelle entdeckt. Aus den silexreichen Felsbändern wurden die Knollen mit Geröllschlegeln herausgebrochen, bis man schließlich höhlenartige Stollen in den Kalk trieb. Dort nämlich fand man bergfrisches Material, das im Gegensatz zu dem draußen aufgesammelten nicht verwittert und besser spaltbar war. Feuersteinbergwerke sind in nahezu allen Kalkgebieten Europas nachgewiesen. Importiert wurde Plattensilex aus dem Kelheimer Raum in Bayern, Kreidefeuerstein aus

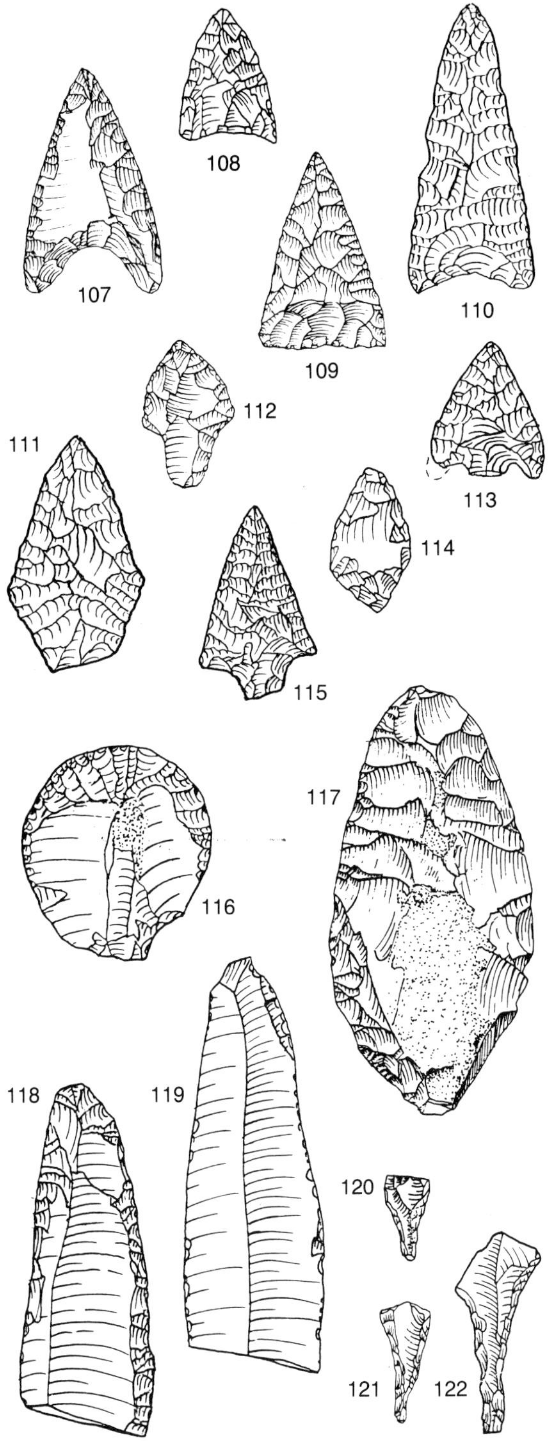

Abb. 107–122 Retuschierte Feuersteingeräte aus verschiedenen Siedlungen am Bodensee und in Oberschwaben: Pfeilspitzen mit eingezogener und gerader Basis (107–110) finden sich in allen Perioden der Jungsteinzeit. Rhombische (111, 114), gestielte (112, 113) und geflügelte Pfeilspitzen (115) stammen vor allem aus endneolithischen Siedlungen. Kratzer (116), Dolch (117), Messer (118, 119). Bohrer (120–122) treten im frühen Jungneolithikum gehäuft auf.

Frankreich und Nordeuropa und zwar meist als fertiges Werkzeug, während der lokale Jurahornstein in den Ufersiedlungen selbst weiterverarbeitet wurde.

Genaueste Kenntnis der bruchmechanischen Eigenschaften war die Voraussetzung dafür, daß man möglichst gleichmäßige lange Abschläge, sog. Klingen, von den Silexkernen erhielt. Mit Stein-, Geweih-, Knochen- oder Holzgeräten schlug und preßte man sie heraus, um dann die so entstandenen Grundformen durch »Retuschen« weiter zu modifizieren. Das Ergebnis war eine Vielzahl von Werkzeug- und Waffeneinsätzen, über deren damalige Funktion z. T. immer noch Unklarheit herrscht. Wahrscheinlich arbeitete man mit den Kratzern, Bohrern, Schabern und Messern selten nur aus der bloßen Hand, sondern klebte die Steine mit Birkenteer in Schäftungen aus Holz oder Rinde ein und steigerte ihre Wirkkraft noch, indem man mehrere Silexe hintereinander einpaßte. Oft ragten nur noch die scharfen Kanten aus dem Schäftungspech hervor. Pfeilspitzen z. B. waren durch einen bolzenartig verdickten Pechauftrag kaum noch sichtbar. Da die Feuersteingeräte erst allmählich durch Metallwerkzeuge abgelöst wurden, spielten sie bis in die Bronzezeit hinein eine wichtige Rolle.

Das Aneinanderschlagen von Feuerstein und Eisen erzeugte Funken, mit denen Feuer entfacht werden kann. Was bis ins 19. Jahrhundert so gehandhabt wurde, wußten auch schon die Neolithiker, wie u. a. eisenhaltige Pyritstücke aus Ödenahlen am Federsee beweisen.

Abb. 123/124 Feuersteinmesser der Horgener Kultur mit Handhaben aus Birkenpech. Eingedrückte Birkenrinde und ein Textilstück sorgten für bessere Griffigkeit, Sipplingen (LDA).

Abb. 125–127 Griffe von Feuersteinmessern der Pfyner Kultur aus Holz und Pappelrinde, die Steinklingen sind mit Birkenteer eingeklebt. 125 Wangen (Slg. Tübingen), 126 Sipplingen (LDA), 127 Bodman (Rosgartenm.).

Steinbeile, unentbehrlich bis in die Bronzezeit

Der Stein als wichtigstes Werkmaterial gab der Epoche ihren Namen. Allein zur erweiterten Produktion einer seßhaften Gemeinschaft genügten einfache Feuersteinabschläge nicht mehr, und die Erfindung des Steinschliffs gehört zu den grundlegenden Errungenschaften der Jungsteinzeit. Erst damit konnten die für Rodungsarbeiten zur Bauholzgewinnung und Feldvorbereitung so unentbehrlichen Beilklingen in großen Serien hergestellt werden. Wie notwendig, verbreitet und nützlich diese neuen Geräte waren, belegen weit mehr als 10000 Beilfunde, die seit 1856 allein am Bodensee gemacht wurden. Sie bestehen meist aus grünlichem Felsgestein wie Serpentin, Grünschiefer oder Amphibolith aus den heimischen Gletschergeröllen; besonders zähe Materialien wie Nephrit und Aphanit mußten importiert werden. Die Gesteinsbrocken wurden durch Schlag- und Sägetechniken zerlegt, dann durch Pickung mit einer Steinkugel in Rohlinge verwandelt und schließlich auf einer Sandsteinplatte, nicht selten auf ausgedienten Mahlsteinen, in die endgültige Form geschliffen. Allerdings waren die steinernen Schneiden nur in einer hölzernen Schäftung eingesetzt zu gebrauchen, sonst fehlte die nötige Hebelkraft. Die Belastbarkeit und Einsatzmöglichkeit ihrer Werkzeuge optimierten die Neolithiker mit der ihnen eigenen, für uns so verblüffenden Materialkenntnis, schneiden doch ihre Axtholme, verglichen mit den heutigen Materialanforderungen nach DIN-Norm erstaunlich gut ab: Holzart, Lage im Baum, Jahrringstellung im Verhältnis zur Schlagrichtung – auf alles wurde geachtet.

Bevorzugt nutzten sie Esche und Eiche, seltener Eibe und nur für wenig strapazierte Holme Haselholz. Rekonstruiert man die ursprüngliche Lage der Griffe und Holme im gewachsenen Holz, so erkennt man, daß je nach Verwendungsart der Geräte Holz von unterschiedlichen Stellen gewählt wurde. Aus Astgabeln oder Stamm-Ast-Ansatzstücken fertigte man Knieholme, als Schäftungen für Dechsel, d.h. hakenartige Holzbearbeitungsgeräte mit querstehender Schneide. Für Stangenholme bevorzugte man widerstandsfähige Stamm- bzw. Stamm-Wurzelansatzstücke, aus denen dann Fälläxte hergestellt wurden. In gegabelten Schäftungsenden wurden die Klingen häufig nur festgebunden. Daneben bestanden einfache Lochfassungen und komplizierte Schäftungstypen. Zwischenfutter aus den widerstandsfähigen Geweihstangen des Rothirschs erlaubten es, auch kleinste Klingen zum Einsatz zu bringen. Vor allem jedoch pufferte das Hirschhornfutter, in dem die Klingen steckten, die Wucht des Schlages und verminderte die Berstgefahr des Holzes.

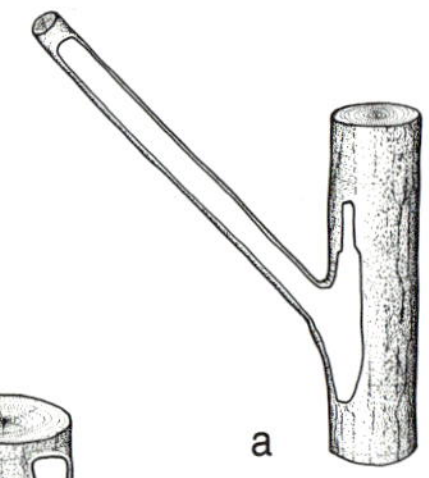
a

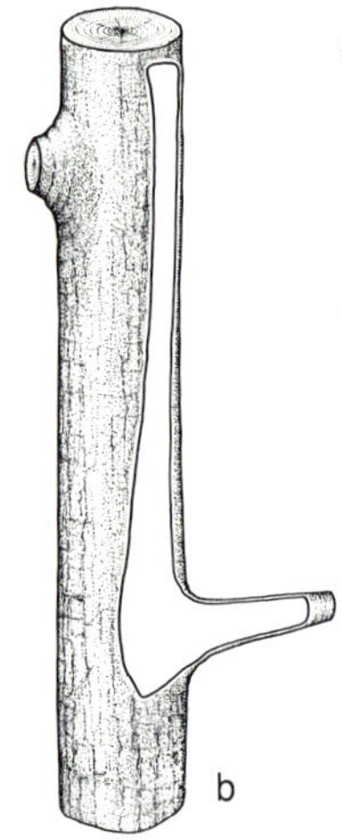
b

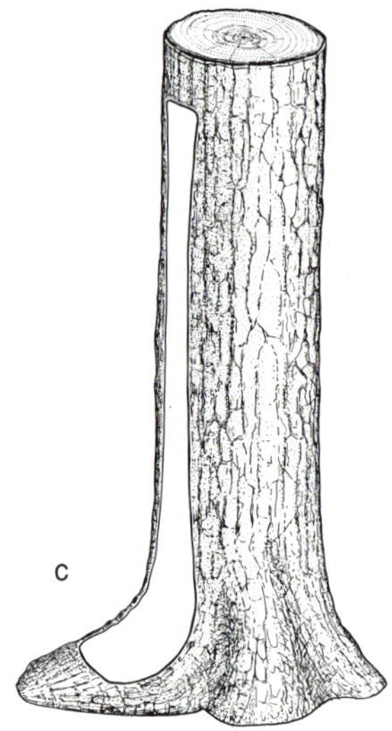
c

Abb. 130–134 Hölzerne Steinbeilschäftungen: 130 Stangenholm der Pfyner Kultur, Bodman-Weiler (Rosgartenm.), 131 Stangenholm der Horgener Kultur mit eingesetztem Zwischenfutter, Sipplingen (Slg. Gieß), 132 Knieholm der Pfyn-Altheimer-Gruppe, Reute-Schorrenried (LDA), 133 Knieholm der Hornstaader Gruppe mit Zwischenfutter, Nußdorf-Seehalde (LDA), 134 Knieholm der Pfyn-Altheimer-Gruppe, Reute-Schorrenried (LDA).

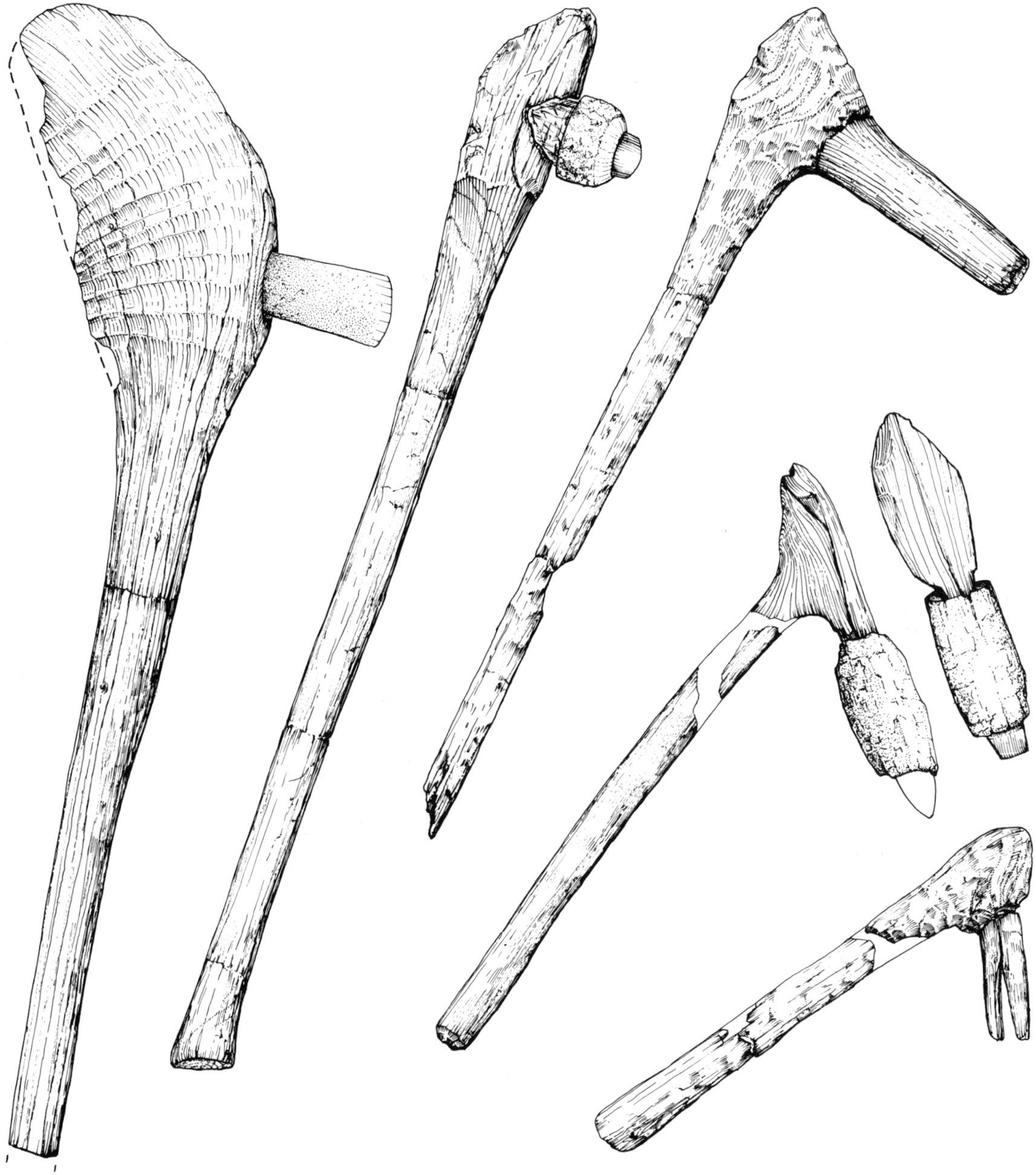

Abb. 128 Geschliffene Beilklingen aus Serpentin, einem zähen teilweise grünlich durchscheinenden Gestein, Maurach (Rosgartenm.).

Abb. 129 Die Herstellung von Knieholmen (a–b) und von flügelförmigen Stangenholmen (c) erfolgte aus Astabzweigungen und aus dem Bereich des Wurzelansatzes.

Schmuck, ein alltäglicher Luxus

Schon vor der Zeit der ersten Ufer- und Moorsiedlungen importierten süddeutsche Bevölkerungsgruppen Muschelperlen aus der Ägäis, vom Schwarzen Meer und aus fossilen Lagerstätten, z.B. dem Pariser Becken. Die Quellen versiegten, doch verzichtete man keineswegs auf solche Besonderheiten, vielmehr entdeckte und verfeinerte man die eigene Kunst der Perlenherstellung aus vorhandenem Material, d.h. aus alpinen Kalken. Aus zahlreichen unfertigen oder mißlungenen Stücken aus Hornstaad läßt sich der Fertigungsprozeß von Röhrenperlen nachvollziehen. Aus günstigen Gesteinsstücken wurden zuerst tönnchenförmige Rohlinge geschliffen. Danach begann die exakte Feinarbeit: Von zwei Seiten wurden die Stifte angebohrt, bis sie durchgängig waren und dann in ihre endgültige zylindrische Form geschliffen. Wie Versuche zeigten, nützte sich pro Millimeter Bohrung die als Drill eingesetzte Silexspitze um 1 mm ab. Man nimmt an, daß die Perlen auch verhandelt oder als Zahlungsmittel eingesetzt wurden. Von »schmuckhaften Geldformen außereuropäischer Naturvölker« können wir vielleicht hier auf eine ähnliche Funktion schließen. Jedenfalls wurden nördlich der Schwäbischen Alb und in Bayern solche Exportstücke der Hornstaader Perlen gefunden ohne jeden Beleg für eine Herstellung vor Ort. Rote Kettenschieber lassen mehrreihige Perlenkolliers vermuten, und aus der Anordnung von

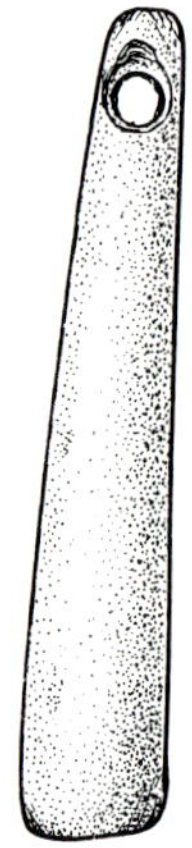

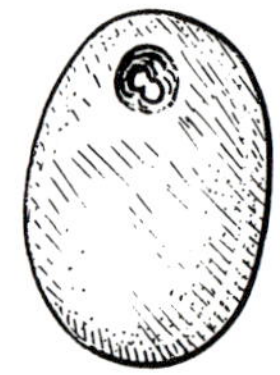

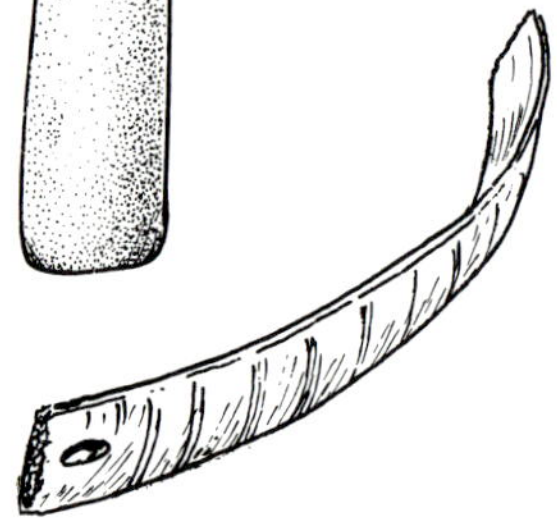

Abb. 136–138 Schmuckobjekte aus Wangen: 136 Hirschgeweihanhänger, 137 durchbohrter flacher Kiesel, 138 ritzverzierte Spange aus Knochen (Brit. Mus.).

Abb. 135 Schmuckproduktion der Hornstaader Gruppe: Doppelknöpfe aus Perlmutt (oben), Röhrenperlen, Kettenschieber und Knöpfe aus Kalk und rotem Gestein, Perlen-Halbfabrikate und Bohrspitzen aus Feuerstein (rechts), Hornstaad (LDA).

Abb. 139 Durchlochte Kalksteinscheibe der Schussenrieder Kultur, Ehrenstein (Württ. Landesm.).

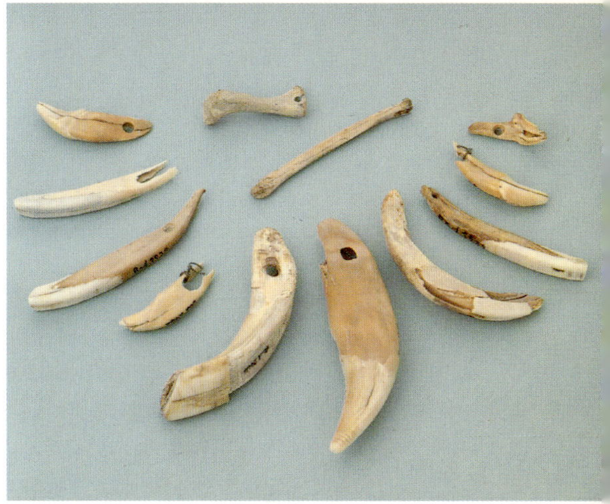

Abb. 140 Durchbohrte Knöchelchen und Zahnanhänger, Bodman (Rosgartenm.).

Abb. 141 Anhänger aus rotem Schiefer und Flügelperlen aus Marmor, Bodman (Rosgartenm.).

Grabfunden wurde ersichtlich, daß die Perlen auch einzeln auf Kleidungsstücke appliziert waren. Diese Objekte lassen ahnen, daß der Alltag keineswegs nur grau und mühselig war, denn dazu brachten die Menschen zu viel Sorgfalt auf für die Luxusproduktion. Mag sein, daß »Überflüssiges« wie Schmuck, all das, was nicht notwendig erscheint, eben doch seinen Stellenwert hatte, daß es niemals »ohne« ging. Verzierte zweilöchrige Scheiben aus Weißjurakalk in allen Herstellungsstufen fand O. Paret in Ehrenstein: Knöpfe, Schmuckstücke oder Amulette? In der Schmuckproduktion ist es schwierig, derartige Unterscheidungen zu treffen, man denke nur an die bis heute wirksame symbolische Bedeutung von Jagdtrophäen. Möglicherweise trugen die jungsteinzeitlichen Siedler Amulette, wenn sie sich mit Tierzähnen, Hirschgrandeln oder Anhängern aus Knochen und Geweih schmückten. Seltsame, bis in den Mittelmeerraum verbreitete durchlochte tierische Fußknochen (u.a. auch vom Hund), lassen vermuten, daß Tatzen und Pfötchen magische Bedeutung hatten.

Auch anderen organogenen Materialien wußte man etwas abzugewinnen. Schlehenkerne mit eingeschliffener Durchlochung hoben Taucher in Sipplingen. In Hornstaad gab man dem schillernden Perlmutt von Flußmuscheln eine Form und schliff Bruchstücke von Meeresschnecken zurecht. In der Bronzezeit löste das glänzende Metall häufig Stein und Knochen ab. Seine Eigenschaften boten sich für neue Formgebungen geradezu an: Ringe und riesige Mengen von Schmucknadeln deuten darauf hin. In Hagnau und in der »Wasserburg Buchau« kamen außerdem Perlen aus farbiger Glaspaste zutage.

Metall, der neue Werkstoff

Der Bronzezeit müssen komplexe gesellschaftliche Veränderungen vorausgegangen sein, denn die Einführung der neuen Techniken erforderte hochentwickelte Gemeinschaften mit Überschüssen an Nahrung und Handelsgütern. Rohstoffquellen, bergmännischer Abbau, Verhüttungtechniken, Fernhandel und Guß- und Schmiedeverfahren mußten gefunden bzw. verbessert werden. Die Geschichte der Metallurgie beginnt im Vorderen Orient etwa 3000 Jahre vor ihren Anfängen in den jungsteinzeitlichen Siedlungen des Alpenvorlandes. Eine erste Kupferscheibe aus Hornstaad von ca. 4000 v. Chr. beweist, daß die Verarbeitungsmöglichkeiten des Metalls bereits lange vor seiner endgültigen Durchsetzung bekannt waren. In der Pfyner Kultur häufen sich Gußtiegel aus Ton und Kupferflachbeile, Belege für Kupferverarbeitung in den Siedlungen. Aus Reute-Schorrenried stammt bereits ein Dolch aus Arsenbronze. Dagegen gibt es aus der »Horgener« und der »Schnurkeramischen Kultur« kaum Metallfunde. Für diese Stagnation können viele Gründe angeführt werden: Entweder waren die Rohstoffquellen versiegt, Handelsbeziehungen unterbrochen, die Kenntnis der Verarbeitungsvorgänge verloren gegangen oder andere, interne gesellschaftliche Prioritäten lenkten von der neuen Technik ab. Erst in den Ufersiedlungen der späten Frühbronzezeit tauchen dann wieder vermehrt Gußtiegel und Metallgegenstände auf, allerdings mit einer wesentlichen Neuerung. Die Zinnbronze, die nun hergestellt wurde, hatte gegenüber den reinen Kupfergeräten entscheidende Materialvorteile. Sie hatte eine niedrigere Schmelztemperatur, sie war leichter zu schmieden und ergab Geräte mit größerer Härte. Mit Importen von Zinn und Kupfer ging die Spezialisierung der Siedlungen einher: Handwerk und Handel im gewerblichen Sinne bildeten sich aus.

Die Bronzewerkzeuge – Beile, Messer, Dolche – ersetzten die ehemaligen Steingeräte zum Schneiden und Stechen. Am Bauholz z.B. hinterließen sie deutlich sichtbare Spuren; auch bautechnische Neuerungen gehen auf sie zurück. Häufig wurde die Bronze als Schmuck- und Wertgegenstand verarbeitet. Verzierte Schmuck- und Haarnadeln sind am Bodensee so häufig gewesen, daß die Fischer sie im 19. Jahrhundert gebündelt in Vasen stellten. Prestigeobjekte wie glänzendes Pferdegeschirr und Wagenbeschläge fanden neben neuartigen Waffen, vor allem den Schwertern, Eingang in einen sich immer stärker verändernden Alltag. Gußformen aus Sandstein und Ton belegen die Anwendung heute noch gebräuchlicher Gußverfahren – vom Ein-Schalen-Guß bis zum verlorenen Guß, d.h. dem Wachsausschmelzverfahren.

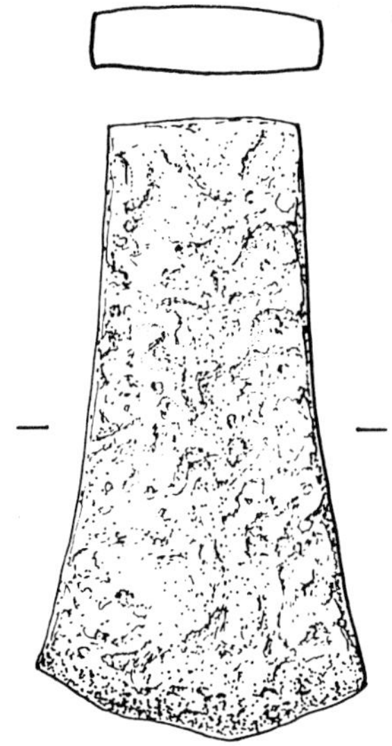

Abb. 143 Kupferflachbeil von Bodman (M. Überlg.).

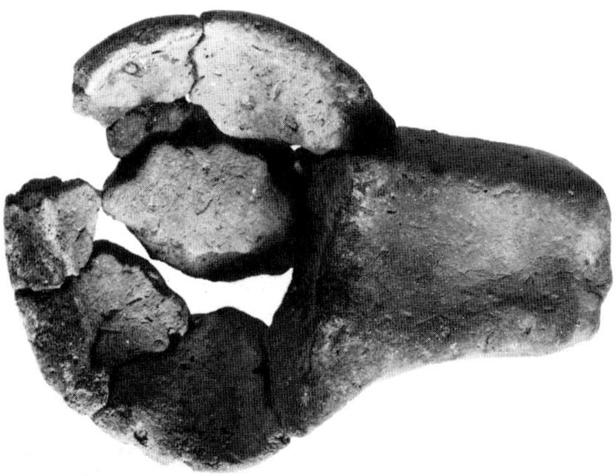

Abb. 142 Gußtiegel aus der Pfyn-Altheimer Siedlungsschicht am Schreckensee.

Abb. 144 Bronzene Schmucknadeln aus der urnenfelderzeitlichen Siedlung von Hagnau (Rosgartenm.).

Abb. 145 Bronzesichel von der Insel Langenrain bei Wollmatingen, darunter Anhänger aus Bronzeblech, Perlen aus Bernstein, Gagat und Glasfluß von Hagnau, Urnenfelderkultur (LDA, Rosgartenm.).

Abb. 146 Lappenbeil der Urnenfelderkultur, Hagnau (Rosgartenm.).

Abb. 147 Dolch aus Arsenbronze, Pfyn-Altheimer-Gruppe, Reute-Schorrenried (LDA).

Knochen- und Geweihgeräte

Auch wenn sie gegen einen saftigen Braten sicherlich nichts einzuwenden hatten, begnügten sich die prähistorischen Siedler sowohl bei der Verwertung ihrer Haustiere als auch bei den Jagdtieren nicht mit dem Fleisch allein. Die immer noch zahlreichen Knochenabfälle in den Siedlungen verraten zwar etwas über die Häufigkeit von Jagd und Viehzucht, ein großer Anteil davon wurde jedoch vor dem Abfallhaufen verschont und zu Geräten weiterverarbeitet. Aus dem in frischem Zustand elastischen und zähen Skelett vieler Tiere, vor allem aus den Knochen und Geweihstangen des Hirsches, wurden ganz spezielle Werkzeuge gefertigt. Die Osteologen können genau rekonstruieren, von welchen Stellen im Skelett die verwendeten Tierknochen herstammen. Dabei wird wieder einmal deutlich, wie genau die Neolithiker über ihre Rohstoffe Bescheid wußten. So wählten sie für Meißel und Spitzen nicht irgendwelche Stücke, sondern ganz besonders widerstandsfähige aus Mittelhand- und Mittelfußknochen. Als Hechelzähne boten sich in der Regel die leicht spaltbaren Rippen an, da man aus einem Knochen bereits zwei Zähne oder Zinken erhielt. Mehrere zusammengebunden dienten als Kamm zur Zerfaserung von Flachs. Mit den feinen Knochenspitzen, an denen als natürlicher Griff oft noch das Gelenkende des Knochens belassen ist, konnten z.B. Löcher in Rinden und Leder vorgestochen werden. Große Knochenmeißel steckten zur geschickteren Handhabung in Schäftungen aus Holz und dürften teilweise wie Steinbeilklingen eingesetzt worden sein.

Am begehrtesten waren die Abwurfstangen männlicher Rothirsche, die alljährlich an festen Plätzen im Wald nur aufgesammelt zu werden brauchten. Auch sie wurden nach speziellen Kenntnissen zerlegt und weiterverarbeitet. Aus Sprossenenden sind Meißel, Spitzen und Schmuckanhänger, aus den stabilen Ansatzrosen und aus den Geweihstangen wurden Hacken, Geweihäxte und Zwischenfutter für die Steinbeilschäftung hergestellt. Gerade die Zwischenfutter zeigen, wie erstaunlich sich die Werkzeugtechnik vom Jung- zum Endneolithikum hin perfektionierte. Die frühen Tüllenfassungen, bei denen die ausgehöhlte Rundung auf einen Zapfen aufgesetzt war, wurden aufgegeben – wohl weil sie sich noch drehen konnten und nicht allzuviel aushielten. Die spätere Lösung ist erstaunlich ausgeklügelt: mit rechteckigem festsitzendem Zapfen läßt sich das Zwischenfutter nicht mehr bewegen; zudem fängt eine Rast die Wucht des Schlages ab und überträgt ihn auf eine größere Fläche.

Waren die scharfen Knochengeräte abgenutzt, wurden sie, solange das möglich war, immer wieder nachgeschliffen. Wenn das nicht mehr angebracht schien, ließen sie sich oft noch umfunktionieren. Aus einem abgebrochenen Knochenmeißel z.B. war immer noch eine kleine Knochenahle herauszuholen, und in Wangen wurde aus einem Harpun-Rohling, den man aus irgendwelchen Gründen doch nicht für brauchbar hielt, immerhin noch ein Retuscheur für die Feuersteinbearbeitung. Auf dem Mist landete wirklich nur das »Letzte«.

Abb. 148 Zweizinkiges Gerät aus Hirschgeweih, Sipplingen (LDA).

Abb. 149 Hirschgeweih-Zwischenfutter der Pfyner Kultur mit Schäftungstülle und eingesetzter Steinbeilklinge. Wangen (LDA).

Abb. 150 Geräte aus Hirschgeweih und Knochen: Zwischenfutter, durchlochte Hacke, Meißel, Ahlen und abgetrennte Geweihstücke als Rohmaterial. Schreckensee (LDA, M. Biberach).

Fischfang, Fortsetzung einer alten Tradition

Trotz ihrer landwirtschaftlichen Produktionsweise knüpften die Neolithiker an die alten Fischfangtraditionen der Jäger und Sammler im Alpenvorland an. Zahlreiche Fischknochen und eine Fülle von Fischfanggeräten im Fundmaterial belegen, wie wichtig diese Nahrungsquelle auch weiterhin war. Während frühere Ausgräber höchstens vereinzelt Wirbel von großen Fischen, von Wels und Hecht, sichteten, konnte die Palette mittlerweile mit Hilfe der feinmaschigen Schlämmsiebe, in denen kleine Fischwirbel und Gräten zurückbleiben, erweitert werden. Zooarchäologische Untersuchungen in Hornstaad haben ergeben, daß auch Flußbarsch, Felchen und Schleie zum Menu gehörten. In den jungsteinzeitlichen Siedlungsschichten am Schreckensee verschmorten Gräten und Schuppen von Rotfedern in der Asche einer Feuerstelle. Vollständige Kadaver von Weißfischen entdeckte man in den Spülsäumen rund um die »Siedlung Forschner« am Federsee.

Auf verschiedene Art und Weise machte man sich an diese schmackhaften Eiweißlieferanten heran: etwa mit Angelhaken aus Hirschgeweih oder aus Eberzahnlamellen und mit hinterhältigen, beidseitig angespitzten Knebeln im Köder, die sich im Magen von Fischen oder Wasservögeln querstellten. Von der Bronzezeit an unterscheiden sich die aus Metalldraht gehämmerten und mit scharfen Widerhaken versehenen Angelgeräte kaum mehr von den heutigen.

Große Fische, vornehmlich Hechte, konnte man während der Laichzeit im flachen Wasser mit Harpunen speeren. Schon in der ausgehenden Altsteinzeit kamen aus Knochen und Geweih geschnitzte Harpunen unterschiedlichster Form zum Einsatz. In mittelsteinzeitlichen Höhlenfundplätzen des oberen Donautals fand man die vermutlich direkten Vorläufer der jungsteinzeitlichen Jagdwaffen: Harpunen aus Hirschgeweih, die sich beim Eindringen in die Beute aus ihren hölzernen Schäften lösten und dennoch über eine Schnurverbindung den Fang sicherten.

Tausende von Netzsenkerfunden legen allerdings nahe, daß die Netzfischerei die einträglichste Fangmethode gewesen sein muß. Dabei verblüfft ein interessanter Unterschied: Am Bodensee wie auch an den benachbarten schweizerischen Gewässern kerbte man flache Kiesel. In Oberschwaben dagegen benutzte man leichtere Netzsenker aus unbrauchbar gewordenen Tonscherben. Vielleicht veränderte man die Fangtechnik hier nach den örtlichen Gegebenheiten der meist kleineren und flacheren Seen. Ganze Netzbündel samt ihren Gewichten konnten in Hornstaad im Bereich der Hauswände aufgedeckt werden. Möglich, daß sie unter der Dachtraufe zum Trocknen aufgehängt waren. Nicht nur Garnstärke und Maschenweite der meist aus Flachsgarn hergestellten Netze variieren, es wurden auch verschiedene Knüpftechniken angewandt: der bewegliche »Pfahlbauknoten« und der bis heute noch gebräuchliche »Filetknoten«. Neben den großflächigen Stellnetzen baute man auch schlauchartig sich verengende Netzreusen. Wie ein Fund aus dem Federseemoor zeigt, waren solche Reusen aus Ruten geflochten.

Abb. 151 Harpune aus Hirschgeweih, Steckborn (Rosgartenm.).

Abb. 152 Verkohltes Fischnetz, Hornstaad (LDA).

Abb. 153–157 Angelhaken von Bodman aus verschiedenen Materialien: 153 Eberzahn, 154, 155 Knochen und Eberzahn, Halbfabrikate, 156 Bronze, 157 Knochen, Spitzangel (Rosgartenm.).

Abb. 158 Netzsenker aus Keramik, Riedschachen (Federseem.).

Abb. 159 Netzsenker aus flachem Kiesel mit originaler Umschnürung, Hornstaad (LDA).

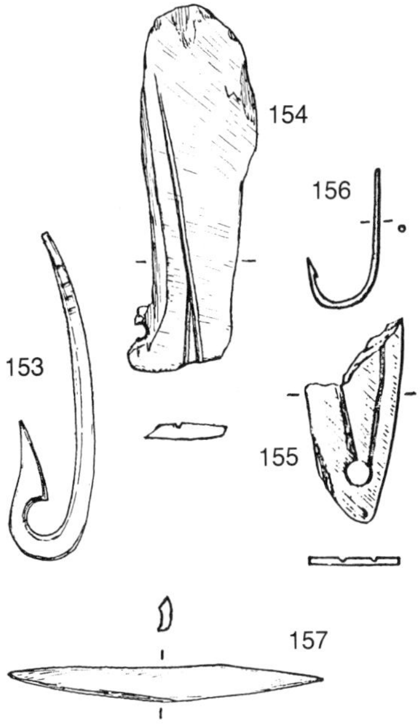

Viehherden als Teil der Landwirtschaft gab es in allen Ufer- und Moorsiedlungen. Darüber hinaus vervollständigte erjagtes Großwild, aber auch kleineres Getier den Nahrungsmittelbedarf. Die Knochen geschlachteter und erlegter Tiere gelangten in den Siedlungsabfall, von wo Wasser und Mensch, Hunde und Hausschweine sie wegschleppten. So stellen die heutigen Knochenfunde, obschon sie in die Tausende gehen, nur noch einen Bruchteil der ursprünglichen Skelette dar. Eine exakte Aufschlüsselung der prozentualen Anteile an tierischer Nahrung, vor allem im Vergleich zur vegetarischen Kost, wird damit erschwert. Die Osteologen, die anhand der Knochenreste das Skeletteil, ebenso Art, Geschlecht und Alter des dazugehörigen Tieres analysieren können, sind Spezialisten der Zooarchäologie, zu deren Aufgabenbereich u.a. die Rekonstruktion des tierischen Lebensraums gehört. So liefern auch sie einen Beitrag zur Kenntnis des prähistorischen Landschaftsbildes. Schon in der frühen Jungsteinzeit wurden Rind, Schaf, Ziege und Schwein als Haustiere gehalten. Selbst die ältesten Begleiter des Menschen, die Hunde, blieben vor dem Kochtopf nicht verschont: auch ihnen wurde, wie Schnittspuren zeigen, das Fell über die Ohren gezogen. Weil in südwestdeutschen Siedlungen keine Stallhaltung nachgewiesen ist, muß man wohl davon ausgehen, daß die Tiere in den Wald getrieben wurden, wo sie sich von Laub, Kräutern, Eicheln und Bucheckern ernährten. Weite Grasflächen entstanden erst allmählich während der Bronzezeit, und die heute übliche Heuwirtschaft setzte wohl noch später ein. Während wilde Schafe und Ziegen nur im Vorderen Orient beheimatet waren, lebten hierzulande wilde Rinder und Schweine, so daß man sich deren Domestikation auch unabhängig von einer Übernahme aus dem Nahen Osten vorstellen kann.

Zu verschiedenen Zeiten sind unterschiedliche Gewichtungen in der Haustierhaltung zu beobachten: in Hornstaad gab es neben dem Rinderbestand auffällig wenig Schweine, und mit zwei Dritteln aller Knochen von Wild und Fisch liegt ein innerhalb der Ufersiedlungen seltenes Übergewicht vor, das an den Fortbestand jägerischer Traditionen des Mesolithikums denken läßt. In den um einige Jahrhunderte jüngeren Dörfern der Pfyner Kultur in Wangen kehrt sich bei ausgesprochener Rinderhaltung das Verhältnis von Haustieren und Wildsäugetieren genau um. Ab der Horgener Kultur zeichnet sich mit vermehrter Schweinehaltung ein erneuter Wechsel im Wirtschaftssystem ab. In Ödenahlen, Reute und am Schreckensee tauchen im Jungneolithikum Pferdereste auf, von denen momentan noch nicht mit Sicherheit gesagt werden kann, ob es sich tatsächlich schon um Haustiere gehandelt hat.
Zur Jagd rüsteten sich die Bewohner mit Pfeil und Bogen oder Speeren. Gewiß bevorzugten sie

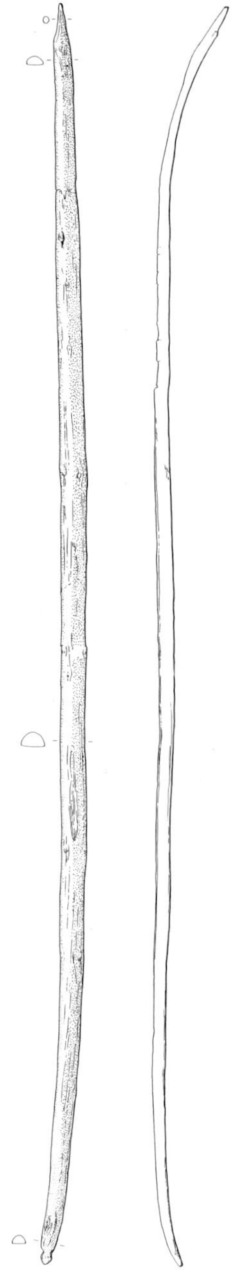

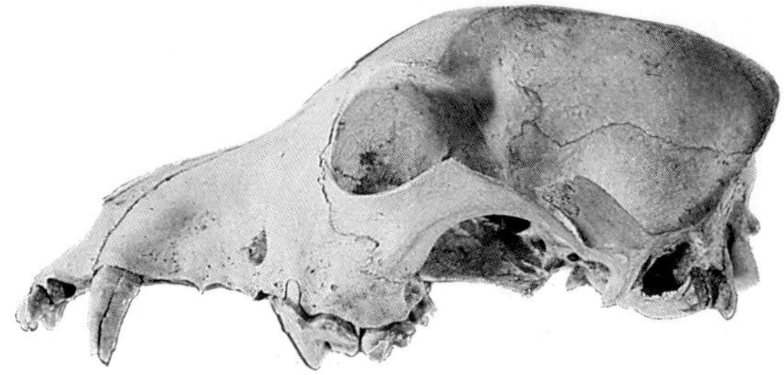

Abb. 163 Schädel eines Hundes, Wangen (LDA).

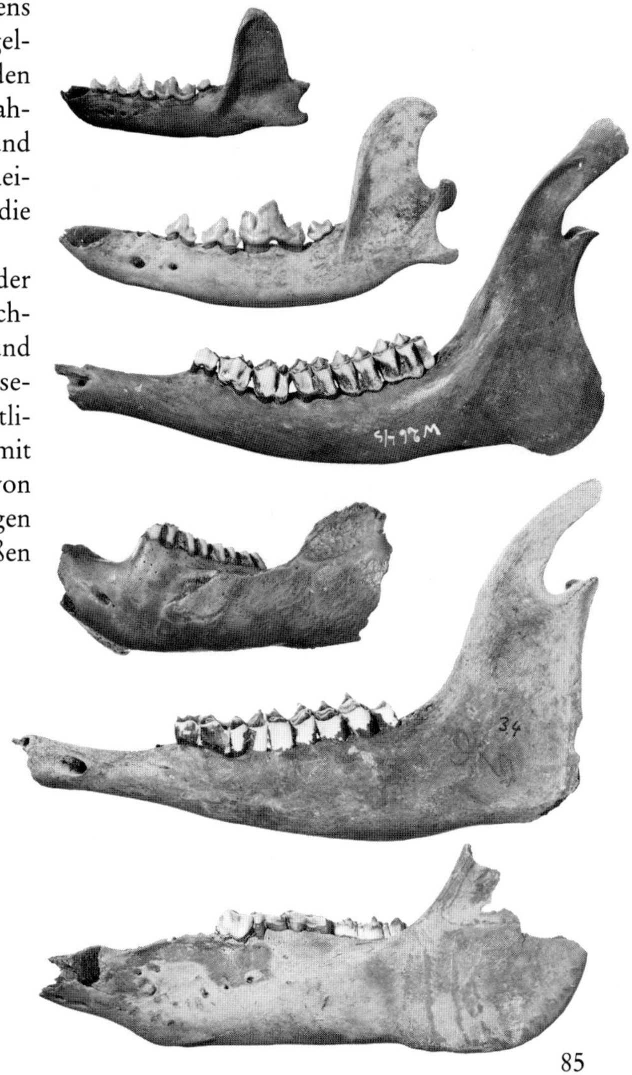

Abb. 164–169 Unterkiefer von Wild- und Haustieren: 164 Fischotter, 165 Hund, 166 Reh, 167 Biber, 168 Schaf, 169 Schwein. Bodman-Schachen, Wangen, Wasserburg Buchau (LDA).

Rothirsche nicht nur als Rohstofflieferanten für die Geräteherstellung und wegen ihres hohen Fleischanteils, sondern auch weil sie als Feldschädlinge gefürchtet waren. An zweiter Stelle auf der Jagdliste standen vielerorts gewaltige Ure, dann folgten Rehwild und Wildschweine, Pelztiere, sogar Igel wurden verwendet. Eigens entwickelte Techniken wie u.a. stumpfe Vogelpfeile machten die Vogeljagd ähnlich wie den Fischfang zu einem speziellen Zweig der Nahrungsbeschaffung. Neben wilden Enten und Gänsen kamen seltener Kraniche, Seeadler, Reiher und am Federsee auch ein Pelikan in die Schußlinie.

Als Folge der günstigen Nahrungslage und der optimalen Lebensbedingungen war das Hochwild damals größer und kräftiger als heute, und die Haustiere erscheinen kümmerlicher als unsere hochgezüchteten Rassen. Die bronzezeitlichen Rinder am Federsee reichten fast an die mit einer durchschnittlichen Widerristhöhe von 1,28 m recht niedrigen Pferde heran; dagegen waren die Schweine mit entsprechenden Maßen um 80 cm regelrechte Kolosse.

Abb. 160 Pfeilspitze in der originalen Birkenteerschäftung, Hornstaad (Slg. Lang).

Abb. 161 Stumpfer Vogelpfeil aus Hirschgeweih, Schreckensee (LDA).

Abb. 162 Vollständiger Bogen aus Eibenholz, 1,24 m lang, Bodman (Gräfl. Slg. Bodman).

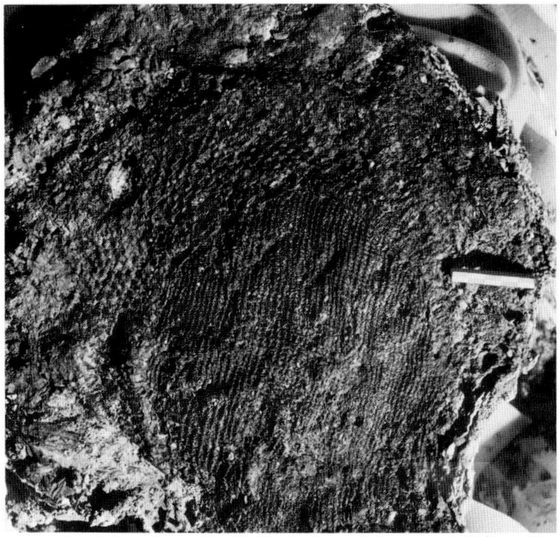

Abb. 170 Dieses feine Sieb aus geflochtenem Bast, eingefaßt von einem Wulstkorb, diente möglicherweise zur Reinigung der Ernte, Hornstaad (LDA).

Sicherlich lagen die Feldflächen der Siedlungen nicht im überschwemmungsgefährdeten Ufergebiet, ja nicht einmal in den sich daran anschließenden Auen, die bis heute Grundwasser vernäßt und für den Ackerbau ungeeignet sind. Bei manchen Siedlungen spricht vieles dafür, daß die landwirtschaftlichen Nutzflächen sogar weit mehr als nur einige hundert Meter entfernt lagen. In der Nähe der Siedlung Blissenhalde zwischen Wallhausen und Bodman ist nirgendwo ein zum Ackerbau geeignetes Hinterland vorhanden. Entweder waren die Felder auf der Hochfläche des Bodanrücks, wohin nur ein mühsamer Steilaufstieg über 100 m Höhendistanz führte, oder aber sie lagen entfernt an einem anderen Ufer des Sees und waren nur mit dem Boot zu erreichen. Auch die bronzezeitlichen Siedlungen am Federsee liegen etwa 1 km vom Festland entfernt.

Angebaut wurden von den ersten Tagen der Besiedlung an Einkorn, Emmer, Nacktweizen und Gerste sowie die Ölfrüchte Lein und Schlafmohn. Lein galt zusätzlich auch als Faserlieferant. Für einen sortenreinen Anbau sprechen die erstaunlich sauberen, unkrautfreien Saatfunde aus Hornstaad und Ehrenstein. Gartenbaukulturen mit Hülsenfrüchten wie Erbsen, Saubohnen und Linsen sind in der Bronzezeit aufgekommen, als sich auch Hirse und Dinkel durchsetzte. Ursprünglich aus dem Orient und dem Mittelmeerraum als Unkraut eingeschleppt, wurden einige Pflanzen allmählich zu sekundären Kulturpflanzen. Ob man Feldkohl, Besenrauke und evtl. auch Leindotter jedoch bereits im Neolithikum systematisch angebaut oder eher nur sorgfältig am Feldrand abgepflückt hat, entzieht sich der genauen Kenntnis. Auf jeden Fall aber erweiterten sie die Speisekarte und waren wegen ihres Ölgehaltes gefragt. Auch eine primitive Form von Hafer, der erst in späterer Zeit fester Bestandteil der Aussaat wurde, war schon bekannt.

Abb. 171 Angekohlter Furchenstock aus Eschenholz, Hornstaad (LDA).

Abb. 172 Der Furchenstock war vermutlich eher zum Ziehen von Saatrillen denn als Feldhacke geeignet.

Abb. 174 Erntemesser aus Plattensilex, Schreckensee (LDA).

Abb. 175 Silexklinge vom Schreckensee, eingesetzt in einen rekonstruierten Sichelgriff.

Abb. 173 Angekohlte Keule aus Eschenholz mit dünnem, ursprünglich elastischem Stiel, möglicherweise ein Dreschflegel, Hornstaad (LDA).

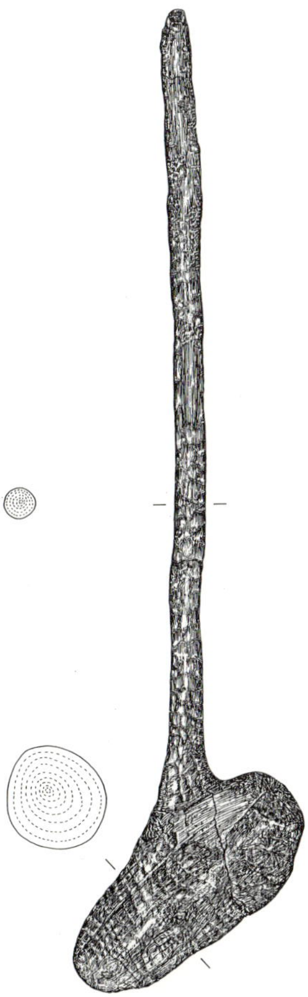

Methoden und Geräte

Es ist möglich, daß neue Flächen durch Brandrodung erschlossen wurden und daß die Nährsalze der Asche zunächst zu besseren Ernten verhalfen. Doch bleibt danach der Ertrag auf den heimischen Böden über Jahrzehnte stabil; kein Grund also ein Wanderbauerntum nach tropischen Verhältnissen zu vermuten. Warum sollten nicht auch schon Bracheperioden zur Erholung der Felder eingeplant worden sein? Trieb man das Vieh über die abgeernteten Flächen, dürfte das sogar eine einfache Düngung bewirkt haben. Zur Aussaat wurde der Boden mit Feldhaken, Hakken und vermutlich auch schon mit einfachen Pflügen vorbereitet. Aus Wangen und Hornstaad liegen Getreidebündel vor, an denen unter den Ähren die Halme erhalten sind – ein Indiz dafür, daß man weder die Ähren raufte, noch die Halme ganz ausriß. Die Bauern sichelten das Getreide mit Erntemessern aus Feuersteinklingen. Eine Glanzpatina auf den erhaltenen Steinklingen ist Resultat der beständigen Reibung an den Siliciumkristallen der Halme. Die Ernte ging ohne weitere Verarbeitung ins Haus, denn die Vorräte in Wangen und Hornstaad sind ungedroschen im Ährenverband eingelagert. Wahrscheinlich wurden die Körner nur in kleinen Tagesrationen entspelzt, jedenfalls fanden die Archäologen nirgends nennenswerte Lager mit nackten Körnern noch große Dreschplätze. Da sich die Spelzweizen Einkorn, Emmer und Dinkel nur sehr schwer entspelzen lassen, wurde das Getreide wohl in Backöfen vorgedarrt.
Bei der Saatgutreinigung wurden wahrscheinlich korbartige Siebe benutzt.

Speisen und ihre Zubereitung

Wie die Pollenanalyse Aufschluß gibt über das einstige Aussehen der ganzen Landschaft und ihre allmähliche Veränderung, so erschließt die botanische Großresteanalyse der ausgesiebten Kulturschichten, welche Pflanzen aus der näheren Umgebung in die Siedlung geschleppt wurden; neben Kulturpflanzen u.a. auch Unkräuter, Kulturzeiger und Wasserpflanzen. Insgesamt bestimmten die Botaniker Samen und Früchte von mehr als 300 Arten, darunter Haselnüsse, Eicheln, Äpfel, Schlehen und anderes Steinobst.

Wild gesammelt, ergänzten sie den vorgeschichtlichen Speisezettel. Vor allem Himbeer-, Erdbeer- und Brombeerkerne fand man öfters in kleinen, auffälligen Konzentrationen, die wohl als Fäkalienhäufchen zu interpretieren sind. Weiterhin sind zahlreiche Pflanzen bekannt, die als Würze oder Heilkräuter und, wie z.B. Holunder, als Farbstoff gedient haben können. Minze ist in Wangen-Hinterhorn und in Hornstaad vertreten; Bärlauchpollen sind so häufig, daß sie neben dem echten Feldsalat zum »Grünfutter« zählen. Die vorgeschichtlichen Siedler deckten ihren Kohlehydratbedarf mit pflanzlichen Nahrungsmitteln, aus denen sie zudem Vitamine, Fette und Eiweiß bezogen. In den kultivierten Lein- und Schlafmohnsamen erkannten sie wie in der wilden Besenrauke und dem Feldkohl ölhaltige Zutaten. Wie weit Eiweiß- und Fettbedarf jeweils über tierische oder pflanzliche Ernährung gedeckt wurden, ist bis heute relativ unklar, zumal darauf ja auch der Stand von Agrartechniken und Viehzucht Einfluß hatten.

Da bei weitem nicht alles roh verzehrt wurde, helfen, wenn man Zubereitungsarten zurückverfolgen will, die chemischen und botanischen Analysen von vertrockneten und angebackenen Rückständen in den Töpfen und, auch hier wieder, ein Rückgriff auf ethnologische Parallelen. Am Schreckensee und in endneolithischen Siedlungen der Westschweiz wurden riesige Mengen im Feuer zersprungener Quarze, Granite und Gneise gefunden, die man wegen ihres guten Wärmespeichervermögens und weil sie Spuren von eingesickertem Fett aufweisen mit dem Kochvorgang in Verbindung bringt. »Panchamanca« heißt in den Anden die älteste Kochform: Dabei wurden eben solche Steine unter Erdhügeln erhitzt. Anschließend wurden sie ausgebreitet, um darauf Fleisch, Fisch und andere Zutaten solange abgedeckt zu garen, bis die Steine erkaltet und ohne Gefahr anzufassen waren. Ähnlich könnten im Alpengebiet die Hitzesteine benützt worden sein. Denkbar sind sie auch als Tauchsieder in Töpfen mit Flüssigkeit. Daß nicht nur in fernen Ländern direkter Hitzekontakt und Austrocknung der Speisen durch Blattumwicklungen abgemildert wurde, beweist ein Brotfund aus Wallhausen mit deutlichen Blattabdrücken auf seiner Unterseite. Übrigens meldeten schon K. Löhle und J. Messikommer Brotfunde, die im Pfahlbaubericht von 1860 beschrieben werden als »Bruchstücke von Getreidekuchen oder Brot« mit deutlich erkennbaren Gerstenkörnern. Mehrere dieser aufsehenerregenden »Pfahlbaupumpernickel« bestehen aber nachweislich aus zufällig zusammengeklebten und verkohlten Getreidestücken.

Wirkliche Brote, und zwar alle aus der Jungsteinzeit, hat man mittlerweile in Wallhausen, und in den Schweizer Siedlungen Burgäschisee-Süd und Twann gefunden. Es wäre auch schwerlich ein-

Abb. 176 Verkohlte Getreideähre eines Nacktweizens, Hornstaad (LDA).

Abb. 178–180 Mikroskopische Aufnahmen von Pflanzenfunden aus Hornstaad: 178 Samen des Schlafmohns, 179 Himbeerkerne, 180 Ästchen eines Schönschnabelmooses mit erhaltenem Chlorophyll.

zusehen gewesen, hätte man für die so zahlreichen Backöfen keine Benutzung nachweisen können. In Ödenahlen und in Wangen belegen halbierte getrocknete Äpfel, daß darin keineswegs nur gebacken wurde; man nutzte sie auch zum Darren von Obst und Getreide. Außer den lehmüberkuppelten Backöfen sind Feuerstellen erhalten, deren Hitzewirkung durch Steinsetzungen vergrößert wurde. Die ausgesprochen plumpen, dickwandig porösen Kochtöpfe aus der Horgener Kultur scheinen bestens dazu geeignet, in Steinummantelungen über lange Zeit hinweg der Hitze ausgesetzt zu werden. Mit ihrer schamottähnlichen Wand speicherten sie die Wärme und hielten Hitzespannungen gut aus. Da man aus dieser Zeit keine Backöfen mehr kennt, könnten sie einen Wandel der Kochgewohnheiten anzeigen. Möglich wäre, daß die Kuppelbacköfen, die vom Balkan nach Mitteleuropa kamen, zeitweise zum Verschwinden verurteilt waren, und einer Koch- und Backtechnik mit Hitzesteinen Platz gemacht haben. Ohne Kamine und Abzüge über den häuslichen Feuerstellen wurden die unter dem Dach gestapelten Vorräte unweigerlich geräuchert. Auch die Holzkonstruktion erhielt auf diese Weise eine »Imprägnierung« gegen Insekten und anderes Ungeziefer.

Auf wannenförmigen Mahlsteinen zerkleinerte man das Getreide je nach Bedarf zu Schrot oder sehr feinem Mehl. Daraus ließen sich außer Brot Getreidebreie, dicke Suppen und eintopfartige Allerleis zubereiten, die trotz der zahlreich genutzten Nahrungsquellen wohl den Hauptanteil des täglichen Speiseplans ausgemacht haben dürften.

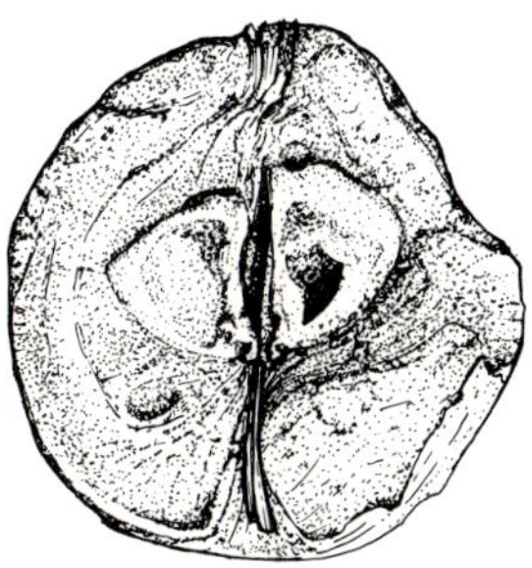

Abb. 177 Verkohlte Hälfte eines gedarrten Apfels, Ödenahlen (LDA).

Fahrzeuge und Verkehrswege

Einzige Möglichkeit herauszufinden, wie groß die Welt war, in der sich der vorgeschichtliche Mensch bewegte, ist die Rekonstruktion von kulturellen Berührungen und Gemeinsamkeiten oder der Versuch, anhand von Materialbestimmungen herauszufinden, woher gewisse Dinge als Handelsgüter bezogen wurden. Die Materialexpeditionen frühester Zeit erwähnten wir bereits – lange Märsche auf der Suche nach optimalen Silexvorkommen oder zum Metallimport. Ebenso wissen wir von Beziehungen zwischen Italien und dem südwestdeutschen Raum, freiwilligen Kontakten, bei denen die Alpenüberquerung offensichtlich kein Hindernis darstellte. Wie die Verbindung ausgesehen haben mag, ob Einzelpersonen lange Reisen unternahmen oder ob Tauschgeschäfte von Siedlung zu Siedlung stattfanden, und ab wann es so etwas wie Märkte gab, liegt immer noch im dunkeln.

Genaueres über Verkehrswege und Fahrzeuge wissen wir lediglich aus der unmittelbaren Umgebung mehrerer Siedlungen. Über 30 wissenschaftlich erfaßte Einbäume vom Federsee legen nahe, daß die natürlichen Wasserwege, auf denen sich Distanzen leicht und schnell überwinden ließen, eine große Rolle spielten. Einige der 4–9 m langen, eleganten und aus einem Stück gearbeiteten Boote haben am besonders rißgefährdeten Heck ein Brett eingesetzt. Wenn es sie nachweislich auch schon zur Jungsteinzeit gegeben hat, so stammen doch die meisten aus der Bronzezeit und aus der Eisenzeit.

Neue Ausgrabungen in der Schweiz belegen bereits für die Jungsteinzeit ein anderes Fortbewegungsmittel, das für die Bronzezeit auch am Federsee nachgewiesen ist: Wagen mit Scheibenrädern, auf denen sich Lasten transportieren ließen. Eine aus zwei Brettern zusammengesetzte, urtümliche »Vollscheibe« fand man im Aulendorfer Ried, während vom Federsee ein kompliziertes Rad samt dazugehöriger Achse erhalten ist. Es besteht aus drei durch seitlich eingenutete Einschubleisten verbundenen Brettern und ist im Bereich der Nabe durchbrochen. Nur dort, wo im Wald und im Moor Wege unterhalten wurden, konnten Wagen oder Karren eingesetzt werden, ohne im Morast zu versinken. 1–1,20 m breite Bohlenwege aus halb gespalteten Stämmen und Brettern oder aus vollständigen Birkenstangen überbrückten am Federsee verlandete Buchten oder führten in das vermoorte Seebecken hinein. Wahrscheinlich verbanden sie die Siedlungen mit ihren Wirtschaftsflächen.

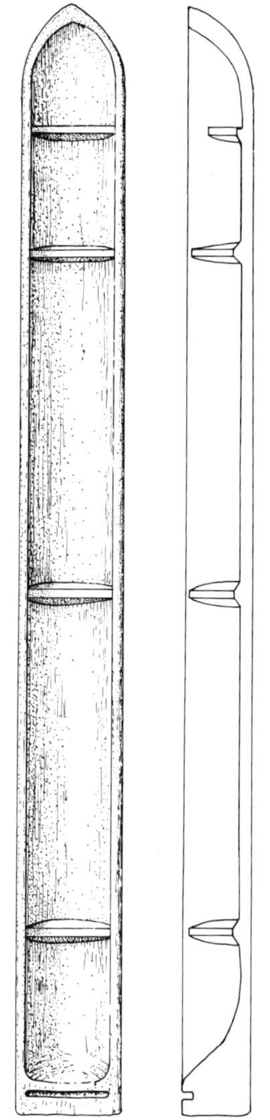

Abb. 182 Einbaum von 8,93 m Länge, 1921 beim Torfstich im Federseemoor aufgedeckt, Eichenholz, nach O. Paret (1930).

Abb. 181 Das Wagenrad aus der Wasserburg Buchau (Federseemus.).

Prestige und kriegerische Auseinandersetzungen

Als die ersten Ufer- und Moorsiedlungen errichtet wurden, entstanden in benachbarten Landschaften im Hegau und auf der Schwäbischen Alb Dörfer auf Höhenzügen und Felsvorsprüngen – eine Tatsache, die bis heute den Defensivcharakter der Wohnanlagen zu unterstreichen scheint. Vieles spricht dafür, daß es keineswegs nur friedlich zugegangen sein kann: der Ausbau der siedlungsumgebenden Zaun- und Palisadensysteme, eine im Verlauf des Jungneolithikums zunehmende Zahl von Pfeilspitzen und das Aufkommen spezieller Kampfwaffen. Sollten wachsende Bevölkerungsdichte, die immer enger an den begehrten Ufern aufgereihten Siedlungen, mangelnde Feld- und Weideflächen zu Rivalitäten geführt haben? Bereits aus der Zeit bandkeramischer Siedlungen ist im baden-württembergischen Talheim ein Massengrab bekannt. Die Skelette zeigen deutlich Hiebspuren von Steinbeilklingen. In den neolithischen Feuchtbodensiedlungen finden sich nicht selten steinerne, durchlochte Äxte, z.T. auch Keulenköpfe; beide sind eigentlich wenig geeignet zur Arbeit, und wenn sie nicht ausschließlich als Kampfwaffen benutzt wurden, so doch wenigstens zur Abschreckung, als Statussymbol oder Attribut des »erwachsenen Mannes«.

Das Metallzeitalter verhieß keineswegs grundsätzlich effektivere Waffen und größeren Reichtum für alle. Im Gegenteil, je weiter diese Epoche zur Eisenzeit hin fortschritt, desto stärker blieb der gesellschaftliche Reichtum einigen wenigen vorbehalten. An Grabbeigaben werden die neuen, hierarchisch nach arm und reich gegliederten Machtverhältnisse ersichtlich. Den Kampf bestimmten Lanzenspitzen und Dolchklingen aus Metall und ab der mittleren Bronzezeit auch Schwerter. Reich beschlagene Wagen, Pferdegeschirr und Waffen unterstrichen die Macht der neuen Herrn, die damit den Boden für die üppige Prunkentfaltung einzelner Herrscher in der Eisenzeit vorbereiteten.

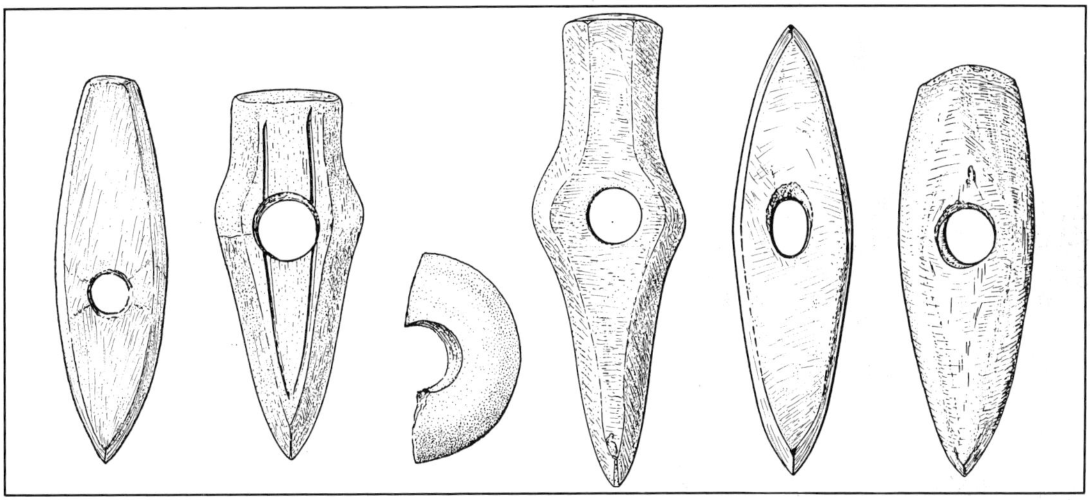

Abb. 183–188 Die prunkvoll polierten Streitäxte waren vom Jung- zum Endneolithikum einem charakteristischen Formwandel unterworfen: 183 Aichbühler Hammeraxt (Aichbühl), 184–186 Flachäxte und Keulenkopf der Pfyner Kultur (Bodman, Wangen), 187 Doppelaxt mit ovalem Schaftloch der Horgener Kultur (Bodman), 188 Axt der schnurkeramischen Kultur (Hegne).

Das Erscheinungsbild des Menschen

Die zahlreichen Reste aus den Siedlungen und ihre wissenschaftliche Interpretation vermitteln uns ein scheinbar objektives Bild des jungsteinzeitlichen Alltags. An den im wörtlichen Sinn handgreiflichen Tatsachen entzündet sich gleichzeitig unsere Phantasie, mit der wir geneigt sind, alles Tote zu verlebendigen – schließlich wissen wir über die Menschen, die all diese Dinge herstellten, über ihre Motive und Gefühle nur wenig. Gräber, aus denen sich Bestattungsriten oder kultische Vorstellungen ableiten ließen, sind aus der Umgebung der südwestdeutschen und schweizerischen Seeufersiedlungen kaum bekannt; zumindest bestehen keine offensichtlichen Zusammenhänge zwischen vorhandenen Gräberfeldern und Wohnanlagen. Unterschiedliche Gründe erschweren den archäologischen Nachweis: denkbar wären z.B. unscheinbare, wenig eingetiefte Gräber ohne Beigaben, eventuell auch oberirdische von Erosion und Verwitterung gänzlich beseitigte Bestattungen. Eine seltene dennoch wahrscheinliche Verbindung besteht zwischen Gräberfeldern und gleichzeitiger bronzezeitlicher Ufersiedlung in Bodman. Den in der Hocke bestatteten Leichen hinterließ man bronzene und goldene Grabbeigaben. Im Hinterland der Siedlung Unteruhldingen wurden Urnengräber festgestellt, die wohl der spätbronzezeitlichen Siedlung der »Urnenfelderkultur« zuzurechnen sind. Hin und wieder tauchen in den Siedlungen selbst menschliche Knochen auf: ein Oberarmknochen aus der Horgener Kultur in Wangen, Skelettfragmente eines Kindes in der Siedlung Forschner und acht Schädel in der »Wasserburg Buchau«. Sie stammen keineswegs aus regulären Gräbern und werfen natürlich Fragen nach ihrer Bedeutung auf.

Die sporadischen und wenig generalisierbaren menschlichen Reste aus den Feuchtbodensiedlungen machen Aussagen über Gestalt, Lebenserwartung und Sterblichkeitsraten ihrer neolithischen und bronzezeitlichen Bevölkerung recht schwierig. Eine Vorstellung davon vermitteln jedoch die Untersuchungen einer größeren Nekropole im schweizerischen Lenzburg, die der Pfyner Kultur zugewiesen wird. Weit über 50 Prozent der 91 Individuen waren Kinder und Jugendliche; Frauen starben in der Regel um einiges früher als Männer; ein Erwachsenenalter von 60 Jahren wurde so gut wie nie erreicht. Zu der hohen Kindersterblichkeit kam eine durchschnittliche Lebenserwartung von nur 20–25 Jahren. Vom Aussehen der Menschen heute unterschieden sich die neolithischen Siedler nur unwesentlich. Zwar waren sie nicht ganz so großwüchsig, doch würden sie heute in einem Straßenanzug nicht weiter auffallen, verglichen mit der langen Entwicklung des »Homo sapiens« ist seit der Jungsteinzeit auch nicht mehr allzuviel Zeit verflossen.

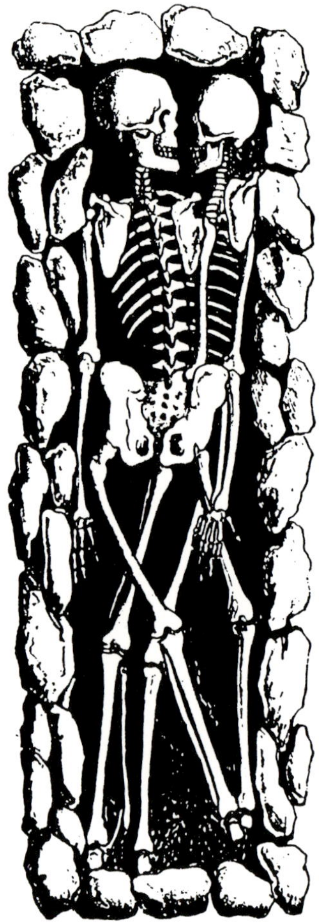

Abb. 190 Doppelgrab aus dem Dachsenbüel im Kanton Schaffhausen, nach F. Mandach (1874).

Abb. 189 Gekaute Birkenpechklumpen mit Zahnabdrücken aus Hornstaad (LDA).

Abb. 191 Narbentätowierung einer Afrikanerin aus dem Zentral-Sudan, einer Angehörigen der unter dem Namen »Nuba« zusammengefaßten Stämme.

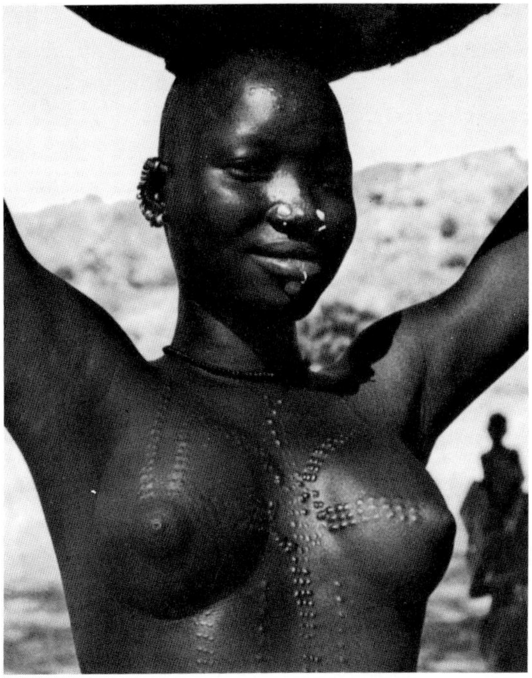

Kleineren, grazil mediterranen Typen entsprachen bestattete Individuen aus Felsüberhängen und Höhlen im Kanton Schaffhausen. Mit ihren Maßen korrespondieren Untersuchungsergebnisse der Hornstaader »Kaugummis«, in denen ganze Gebißabdrücke sichtbar geblieben sind, wenngleich unklar ist, ob der zähe Birkenteer als Genußmittel gekaut wurde oder auch aus technischen Gründen, denn als Klebemasse für die Werkzeugherstellung war dieses Harz einer der frühesten Kunststoffe überhaupt. Vor allem wegen der Grabbeigaben, den Röhrenperlen und Kettenschiebern, können die Schaffhauser Gräber mit der Hornstaader Gruppe in Zusammenhang gebracht werden. Und doch sind nur vage Aussagen möglich über das Aussehen der Personen, ihre Kleidung, die Funktion ihres Schmucks, der ebensogut Erkennungszeichen und Gruppenzugehörigkeit hat signalisieren können wie individuelle Auszeichnung. Einer der wenigen wirklich körperlichen Hinweise ist darum in seiner Konkretheit um so verblüffender. Gefäßfragmente aus Sipplingen ergeben in Ergänzung mit einem Stück aus der Berliner Sammlung ein sog. »gynäkomorphes Gefäß« mit naturalistisch modellierten weiblichen Brüsten. Dazwischen überkreuzen sich eingedrückte Verzierungen wie wir sie auf Fotos von tätowierten Frauen aus Afrika wiedererkennen. Körperbemalung oder Tätowierung auch in den Ufersiedlungen? Gewiß werden wir es nie mit Sicherheit sagen können – aber selbst die Wissenschaft braucht, wie unsere Phantasie auch, ein Stück jener Faszination vor dem unbegreiflich Fremden in unserer Vergangenheit, um weiterhin Fragen zu stellen.

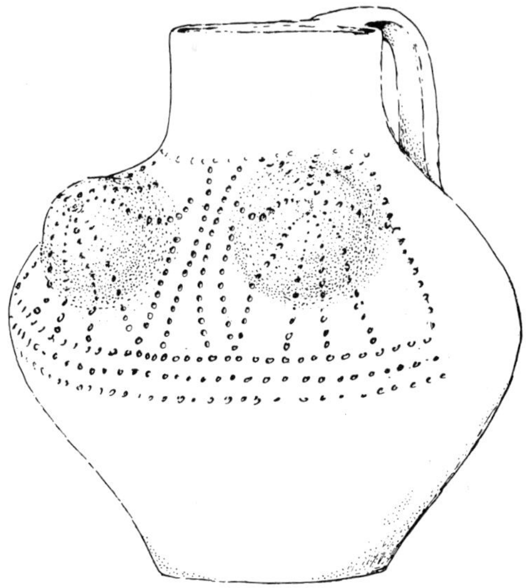

Abb. 192 Gynäkomorphes Gefäß mit Einstichverzierungen, Rekonstruktionszeichnung nach verschiedenen Einzelfunden aus Sipplingen.

Vorgeschichte in Gefahr

In den weiten Flachwasserzonen des westlichen Bodensees und in den Seen Oberschwabens, wo die Siedlungsreste bei der Verlandung der Gewässer meist bald von Torf und Mudden bedeckt wurden, haben die urgeschichtlichen Dorfruinen Jahrtausende nahezu unbeschadet überstanden. Nach feucht konservierten Siedlungen aus der Jungsteinzeit und der Bronzezeit mit ihrer unvergleichlichen Palette gut erhaltener organischer Materialien müssen wir außerhalb des baden-württembergischen und bayerischen Alpenvorlandes in der Bundesrepublik weit suchen. Nur im niedersächsischen »Dümmer«, einem Moorgebiet nördlich von Osnabrück sind vergleichbare Siedlungen ausgegraben worden. Die berühmten »Wurten«, ebenfalls feucht konservierte Siedlungen in den Marschgebieten der Nordsee waren vor der Eisenzeit noch nicht bewohnt. So stellen die südwestdeutschen Ufer- und Moorsiedlungen eben nicht nur wegen ihrer Erhaltungsbedingungen, sondern auch aufgrund ihrer zeitlichen Stellung eine einzigartige Gruppe von Kulturdenkmalen dar. Unter Einsatz moderner Ausgrabungstechnik und naturwissenschaftlicher Untersuchungsmethoden erschließt sich in vielen Siedlungen der vorgeschichtliche Lebensalltag in einer für archäologische Verhältnisse geradezu unglaublichen Vollständigkeit. Was hier erforscht werden kann ist von exemplarischer Bedeutung, wenn man verstehen will, wie der Mensch seit der Jungsteinzeit in die Natur eingreift und in einem nicht endenwollenden Prozeß die Landschaft Mitteleuropas grundlegend verändert: ein Idealfall für die Forschung, so sollte man meinen.

Abb. 193 Saugbagger in der Ufersiedlung Litzelstetten (1975).

Abb. 194 Nur noch Streifen der altberühmten Station Bodman-Weiler sind nach den Baggerungen für Bootsanlegestege unversehrt erhalten.

Traurige Bilanz

Leider werden solche Idealfälle seltener. Eine klassische Fundlandschaft ist in Gefahr! Zwischen Bodensee und Donau registrierte das »Projekt Bodensee-Oberschwaben« 100 Feuchtbodensiedlungen. Doch für eine mögliche Bergung ist es bei vielen davon bereits zu spät. Am Bodensee sind 13 Anlagen durch Hafenerweiterungen und andere Baumaßnahmen erheblich in Mitleidenschaft gezogen oder gar vollständig zerstört worden. In Sipplingen, Bodman und Wallhausen pumpten Saugbagger den Aushub über Rohrleitungen in die Tiefen des Sees, so daß weder ein Bauarbeiter, geschweige denn ein Archäologe auch nur ein einziges Fundstück in die Hand bekamen. International renommierte und ehemals langlebige Forschungsobjekte fielen den kurzfristig geplanten Interessen des Fremdenverkehrs zum Opfer. Was da unwiederbringlich verwüstet wurde, wäre möglicherweise auf lange Sicht eine größere Attraktion für die Gegend als fragwürdige Bemühungen um einen ständigen Ausbau des privaten Bootsverkehrs. In jedem Fall werfen die mutwilligen Eingriffe des Menschen ein bezeichnendes Licht auf unseren Umgang mit der Geschichte.

Hafenbauten und Ufermauern sind Fremdkörper im See und verändern die Strömungsverhältnisse. Auch neben den Baggerlöchern geht die Zerstörung weiter. Ganze Pfahlbausiedlungen werden freigespült, ihre Kulturschichten fallen innerhalb weniger Jahre oder Jahrzehnte dem Wellenschlag zum Opfer. Lediglich in 24 der insgesamt 73 Siedlungsareale am deutschen Bodenseeufer konnten überhaupt noch Kulturschichten oder zumindest Reste davon festge-

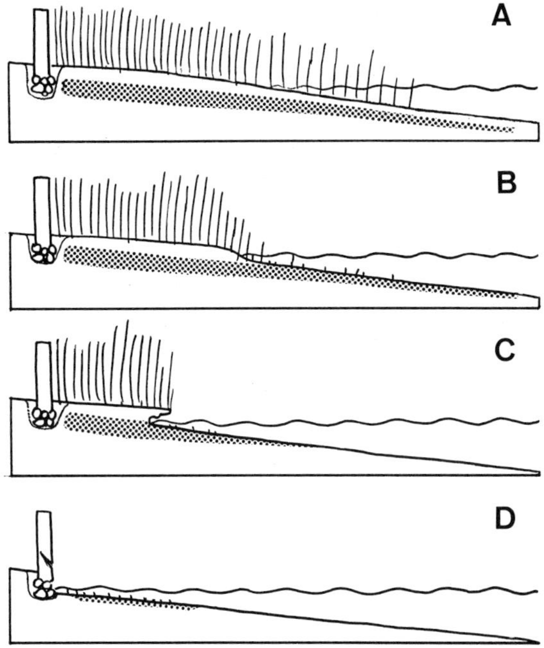

Abb. 196 Schema zur Abrasion schilfbestandener Ufergebiete. A: ausgeglichenes Ufer mit Schilfrasen bis außerhalb der Mittelwasserlinie. B: abgestorbenes Seeschilf, Ausspülung des Sediments. C: Rasche Bildung einer Kliffkante, D: Unterspülung der Ufermauern. Die Kulturschicht (gerastert) ist fast verschwunden.

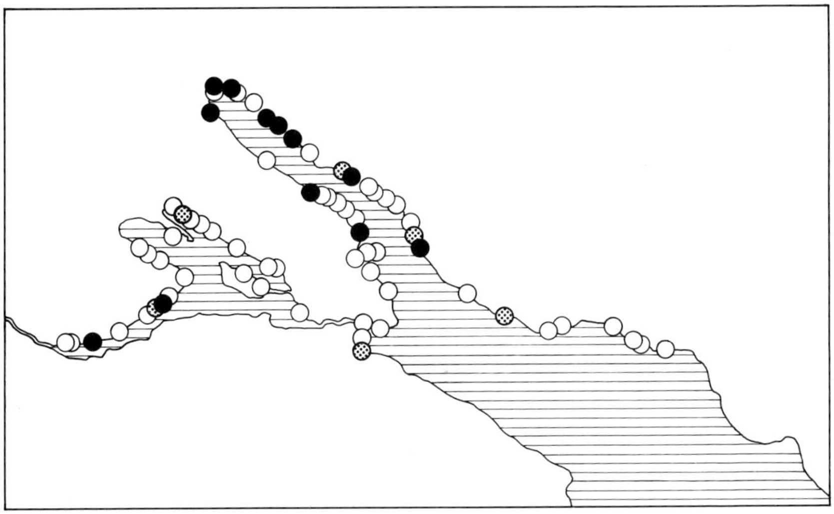

Abb. 195 In mehr als ein Viertel der Siedlungen am deutschen Bodenseeufer hat bereits der Bagger eingegriffen; vor 1950 (gerastert), seit 1950 (schwarz).

stellt werden. Selbst Bojenfelder sind eine Gefährdung, wenn sie im Areal einer Ufersiedlung liegen. In vielen Fällen ist die schützende Schicht aus Sand oder Seekreide über den Siedlungsresten nur noch wenige Zentimeter oder Dezimeter dick. Fahren Motorboote bei niedrigen Wasserständen in der Flachwasserzone, werden die Deckschichten abgespült; Bootskiele setzen leicht auf Grund, Motorschrauben fräsen durch den Seeboden. Solche punktuellen Schäden summieren sich im Laufe der Zeit zur flächendeckenden Zerstörung.

Wie viele andere Seen des Alpenvorlandes blieb auch der Bodensee seit Jahren nicht von dem schnell fortschreitenden »Schilfsterben« verschont. Das Seeschilf, der sommerlich überflutete Schilfrasen, hatte eine besonders stabilisierende Wirkung gegen die höhlende Kraft des Wassers. Wo früher das dichte unterirdische Rhizomgefüge dem Seeboden Halt garantierte, kann heute die Erosion ungehindert eingreifen, so daß Kulturschichten – selbst in Naturschutzgebieten – gnadenlos der Brandung und Abspülung ausgesetzt sind. So ist der See aus seinem Gleichgewicht geraten und ein Ende der Umwälzungen, an denen menschliches Eingreifen maßgeblich beteiligt ist, ein Ende vor allem, das nicht die vollkommene Zerstörung seines Denkmalbestands mit sich bringt, ist heute noch nicht abzusehen.

Zu Staub zerfallen

Nicht minder katastrophal ist die Situation in den oberschwäbischen Mooren. Hier ziehen die Grundwasserabsenkungen zur Verbesserung der landwirtschaftlichen Nutzflächen die allmähliche Austrocknung und Zerstörung der Denkmäler nach sich. Vor wenigen Jahren noch hervorragend erhaltene Holzfußböden jungsteinzeitlicher und bronzezeitlicher Häuser, oft genug nur wenige Zentimeter unter der Grasnarbe gelegen, zerfallen zu Holzmulm. Sie lösen sich auf in Staub, als wären sie nie etwas Wirkliches, Handfestes und Greifbares gewesen. Schwere landwirtschaftliche Maschinen zerquetschen die Reste im weichen Untergrund. Wo einst Entwässerungsgräben und Drainagen mit der Hand ausgehoben wurden, kommen heute mechanische Grabefräsen mit gesteigerter Wirkung zum Einsatz. Die letzten gut erhaltenen jungsteinzeitlichen Häuser im Federseemoor oder im Schorrenried bei Reute werden innerhalb weniger Jahrzehnte in den Bereich der Legende gehören, es sei denn, es gelänge, Reservate zu schaffen, in denen die Absenkung des Wasserspiegels gestoppt und die landwirtschaftliche Nutzung eingeschränkt wird.

Reservate für die Zukunft

Mit Unwissenheit kann sich heute niemand mehr herausreden. So liegen z. B. die Kartierungen des »Projekts Bodensee-Oberschwaben« den Planungen der Regionalverbände zugrunde, und sämtliche baulichen Eingriffe im Bereich der Feuchtbodensiedlungen müssen zuvor auf den

Schreibtisch des Denkmalpflegers. Auf Betreiben der zuständigen Außenstellen des Landesdenkmalamts sind in den letzten Jahren am Bodensee Bojenfelder umgelegt und Hafenbaggerungen verhindert worden: Rechtsgrundlagen dazu bietet das Denkmalschutzgesetz des Landes. Dennoch stößt eine präventive, das heißt den endgültigen Zerstörungen zuvorkommende Denkmalpflege immmer wieder an ihre Grenzen. Es drängt sich am Bodensee geradezu auf, wie eng ökologischer Landschaftsschutz und denkmalschützerische Belange ineinandergreifen, und die können nicht nur mit archäologischem Interesse oder wissenschaftlichem Knowhow durchgesetzt werden. Geschichtsinteressierte und mit ihrer Heimat verbundene Menschen müssen diesen Forderungen ebenfalls Ausdruck verleihen. Nicht nur das Seeforschungsinstitut in Langenargen oder Wasserwirtschaftsämter sondern auch Umweltschützer bemühen sich um eine Renaturalisierung durch Schilfanpflanzungen. Geplant ist in diesem Zusammenhang u.a., gemeinsam mit dem Landesdenkmalamt für den Schutz von Pfahlbauten Sorge zu tragen. Ausgraben ist nicht alles, denn schließlich sind auch Grabungen einschneidende Maßnahmen, die den originalen Fundzusammenhang auseinanderreißen; und abgesehen von den hohen Kosten, die allein schon eine durchgängige Ausgrabung aller Stationen unmöglich machen, haben auch zukünftige Forschergenerationen ein Anrecht auf unverfälschte, ungestörte Geschichtsquellen. Wer weiß, möglicherweise stehen ihnen neue und effektivere Methoden für ihre Arbeit zur Verfügung.

Abb. 197 Handbreite Trokkenrisse reichen heute am Rande der Siedlung Aichbühl bis in die Fundschicht.

Abb. 198 Eine Grabenfräse beim Einsatz zur Entwässerung der Feuchtwiesen im Federseemoor.

Abb. 199 Durch den Fußboden eines neu entdeckten Hauses im nördlichen Federseemoor schnitt bereits die Grabenfräse.

Sammler, Fälscher und Museen

Nach den ersten Pfahlbauentdeckungen griff man angesichts scheinbar unerschöpflicher Fundmengen ins volle, ohne daran zu denken, daß ein Ende dieser Schätze absehbar sein könnte. Den Bauern und Fischern vom See garantierte die Sammelwut der Großkopfeten und die Nachfrage aus dem Ausland einen sicheren Nebenverdienst während der Wintermonate und erlaubte ihnen, eigene Sammlungen anzulegen. Die da Jahr für Jahr im Feuchten wühlten, mußten – bedenkt man die Bedingungen – wahre Roßnaturen gewesen sein. Das Ergebnis davon: unzählige Stücke gingen kisten- und zentnerweise in alle Welt. Noch in der zweiten Hälfte des vorigen Jahrhunderts versuchten Museen überall, ein Stückchen Pfahlbaugeschichte zu ergattern. Bei dem Versuch, die Spuren zurückzuverfolgen, stößt man auf inventarisierte Stücke in so wichtigen prähistorischen Sammlungen wie im British Museum in London, in St. Germain en Laye (bei Paris) und im Römischen Germanischen Zentralmuseum in Mainz; vertreten sind sie auch anderswo, u.a. in Weimar, Bern, Périgueux und San Franzisko. Von großen Sammlungen, wie sie angeblich nach Leningrad verschickt worden waren, ließen sich keine Anhaltspunkte mehr ausmachen. Bestimmt haben viele ein ähnliches Schicksal erlebt, wie die umfangreiche und äußerst genau dokumentierte Sammlung E. Franks: Sie wurde vom Berliner Völkerkundemuseum 1897 aufgekauft, in den zwanziger Jahren in eine eigenständige Vor- und Frühgeschichtliche Sammlung verlegt, wo sie im Zweiten Weltkrieg zerstört wurden. Die Reste der Reste mußten, wie auch im ausgebombten Stuttgarter Museum, aus Scherbenhaufen geklaubt werden.

Besonders bedauernswert ist die Tatsache, daß viele liebevoll und gewissenhaft gepflegten Privatsammlungen oft schon nach ein bis zwei Generationen verschleudert wurden, z.T. weil die Erben deren Wichtigkeit verkannten oder weil sie sie unbedingt zu Geld machen wollten. Von wirklichem Bestand waren nur die systematisch angelegten, meistens öffentlichen Kollektionen, wo ein Mindestmaß an wissenschaftlicher Genauigkeit beachtet wurde. Doch längst nicht überall existieren Inventare mit den nötigen Fundorteintragungen, so daß diese zahllos und leider auch wahllos angehäuften Stücke heute für die Forschung eher unbrauchbar geworden sind. Hochbetagt erinnerte sich der Sammler Paul Weber kurz vor seinem Tod 1985, daß auch noch zu Beginn unseres Jahrhunderts das Interesse an den Funden ungebrochen war. Besonders L. Leiner, der Gründer des Rosgartenmuseums in Konstanz hielt sich häufig in Bodman auf »und kauf-

Abb. 200 Die Pfahlbausammlung des Rosgartenmuseums in Konstanz.

Abb. 201 Das Freilichtmuseum in Unteruhldingen mit drei unterschiedlichen Dorfanlagen: Im Vordergrund zwei 1922 nach dem Vorbild von Riedschachen errichtete Gebäude; dahinter wurde 1931 eine Häusergruppe der Wasserburg Buchau auf die legendäre gemeinsame Plattform des 19. Jahrhunderts gestellt; am Ufer in ringförmiger Palisade entstand 1939 eine Anlage, die zwar die Palisaden von Sipplingen berücksichtigt, aber wiederum Häuser vom Federsee auf Pfähle stellt.

te, was da zu haben war«. Darin noch zeigte er sich als Vertreter der »alten Schule« mit der Hoffnung, in der Ansammlung von Objekten deren lebendigen Geist einfangen zu können, um mit Liebe zum Detail ein historisches Mosaik als universelles Bild der Landschaft, ihrer Geschichte, ja vielleicht der ganzen Menschheit zusammenzusetzen. »Seine« Pfahlbausammlung wollte er so umfangreich wie möglich präsentieren, und noch heute tragen zahlreiche Funde in den Museumskästen in Konstanz Leiners Handschrift: in zierlichen Majuskeln beschriebene blaue und rote Klebeetiketten.

Allerdings lagern sowohl in Konstanz wie auch im Heimatmuseum Überlingen recht seltsame Exemplare, die verdeutlichen, daß es ein paar besonders schlaue Kenner der Sammelwut gegeben hat. Über lange Jahre hinweg behielt man deren Namen im Gedächtnis, weil sie sich von der großen Nachfrage dazu animieren ließen, selber aus alten Knochen Prähistorisches herzustellen oder unscheinbare Stücke zu »veredeln«. Noch heute ist es dem Fachmann nicht immer möglich, Falsifikat und Echtes zweifelsfrei auseinanderzuhalten. Viel eindeutiger sind dagegen die auf Schleifstein zurechtgeschliffenen Steinbeilimitate zu erkennen und die auf alt getrimmten, aus ungebranntem Seeton gebastelten Gefäße.

Gesetzliche Regelungen

Mit erstaunlichem Weitblick haderte Friedrich Mone, der Direktor des Landesarchivs zu Karlsruhe bereits 1865: »Die Hast, solche Überbleibsel zu finden, die Spekulation, die damit Handel treibt, die Verschleuderung und Vermengung der Fundstücke kümmern sich nicht um den Boden der Fundorte und betrachten die Geräthe als antiquarische Curiositäten, wie die Münzen, deren Fundorte man nicht weiß. Daß dadurch der ganze lokalhistorische Wert und größtenteils auch die Bedeutung der Fundstücke verlorengehe, bedarf keines Beweises, und man sollte stets bedenken, daß die bloße antiquarische Liebhaberei noch keine Geschichtsforschung ist.« Die ersten konsequenten Schritte gegen einen Ausverkauf archäologisch wertvoller Zeugnisse unternahm die Gemeinde Biel am Bieler See im Jahre 1873; eine entsprechende Verordnung von badischer Seite erfolgte erst 1905. Seit 1973 legt das baden-württembergische Denkmalschutzgesetz eine Meldepflicht für alle Gegenstände fest, die auch nur vermutlich ein Kulturdenkmal sein könnten. »Jeder, der einen Fund oder eine Beobachtung macht, die geeignet sind, Licht in eine dunkle

Vergangenheit zu bringen« sollte daran denken, diesen Fund zu melden, zumal Neufunde, deren Herkunft sich genau eruieren läßt, für die Wissenschaft sehr wertvoll sein können, selbst wenn sie dem Finder nur unscheinbar vorkommen. Neben dem Grabungsverbot für Unbefugte sind alle systematischen Nachforschungen zur Entdeckung oder Erkundung von Kulturdenkmalen genehmigungspflichtig. Darunter fallen vor allem Tauchexpeditionen und der Einsatz von Minensuchgeräten.

Jeder leidenschaftliche Sammler muß sich darüber im klaren sein, wie schnell seine Schatzsuche zur Raubgrabung geraten kann, und die ist keineswegs nur ein »Kavaliersdelikt.« Sie zerstört Fundzusammenhänge und reißt empfindliche Lücken in Geschichstquellen, auf die nicht Privatpersonen, sondern die Forschung und die Öffentlichkeit einen Anspruch haben.

Besichtigungsmöglichkeiten

Das Jahr über ist im Gelände, selbst an den berühmten Fundplätzen nicht viel zu sehen, da die meisten Bodenseesiedlungen unter Wasser liegen. Der sommerliche Bootsverkehr und die Badenden bewegen sich oft genug ahnungslos darüber hinweg. Im Oberschwäbischen ist es die Grasbedeckung, die weitere Einblicke verhindert, es sei denn, man hält sich an die Informationstafel an der Wasserburg Buchau oder, ebenfalls bei Bad Buchau, an die Schilder des Moorlehrpfades im Wilden Ried. In vielen Fällen ist für Neugier und Informationsbedürfnis sicher ein Museumsbesuch weitaus befriedigender,

Abb. 202 Das Federseemuseum in Bad Buchau: Ein moderner Pfahlbau aus Beton und Holz.

Abb. 203 Fundmagazinierung in der Arbeitsstelle des Landesdenkmalamtes in Hemmenhofen.

wenn auch die Präsentation der Funde augenblicklich noch zu wünschen übrig läßt. Außer im großzügigen Neubau des Federseemuseums in Bad Buchau bleiben in den Museen des Landes bedeutende Stücke aus Platzmangel in die Magazine verbannt. Dort hat sie auch der vierzigjährige Forschungsstillstand verstauben lassen. Selbst im Rosgartenmuseum in Konstanz, das immerhin über die größte Sammlung verfügt, ist nur ein Bruchteil der Bestände ausgestellt. Doch hat wenigstens der gesamte »Pfahlbausaal« mit den neugotischen Vitrinen unverändert als ein forschungsgeschichtliches Dokument des 19. Jahrhunderts überlebt. Die Rathäuser mit kleinen Schausammlungen und die Heimatmuseen der betreffenden Gemeinden sind gewiß ebenfalls einen Besuch wert. Das Freilichtmuseum des »Pfahlbauvereins« in Unteruhldingen ist nach wie vor eine Attraktion, obwohl den Rekonstruktionen mit einer gewissen Skepsis zu begegnen ist. Ergebnisse und Einsichten der neueren Forschung werden hier nicht vorgeführt, sondern ebenerdige Häuser nach Federseebefunden aus den zwanziger Jahren, die einfach auf Pfahlroste gestellt wurden, so daß u. a. das Steinzeitdorf weniger mit Sipplingen, denn mit Riedschachen und Aichbühl zu tun hat.
Natürlich wird seit der Wiederbelebung der Pfahlbauforschung auch der Wunsch nach ansprechenden Museumsgestaltungen wieder laut. Zwischen 1981 und 1984 gingen die neuesten Funde und Ergebnisse bereits als Wanderausstellung von Bad Buchau nach Stuttgart, Konstanz und Bonn. Ein jährlich auf den neuen Grabungsstellen veranstalteter Besuchertag mit nicht endenwollendem Andrang zeigt am deutlichsten, wie groß Interesse und Anteilnahme der Bevölkerung tatsächlich sind.

Arbeitsstelle für Wissenschaftler

Schon stapeln sich auf 500 m^2 in der ehemaligen Schule von Hemmenhofen unübersehbar viele Holzkisten mit Grabungsfunden. Hier, wo auch Bibliothek, Zeichentische und Laboreinrichtungen untergebracht sind, sollen sie untersucht und ausgewertet werden. Dazu gelang es dem Landesdenkmalamt Baden-Württemberg und dem Institut für Ur- und Frühgeschichte der Universität Freiburg mit Hilfe der Deutschen Forschungsgemeinschaft eine Arbeitsgruppe zusammenzustellen, die ihren festen Sitz zum größten Teil in Hemmenhofen hat. Sie ist mittlerweile angewachsen auf drei Archäologen, einen Archäodendrologen, einen Zooarchäologen, einen Paläoethnobotaniker, eine Pollenanalytikerin und einen Paläolimnologen. Ohne Grabungstechniker, Zeichner und studentische Hilfskräfte würden sie jedoch die Arbeit gar nicht schaffen.
Zusätzlich sind in- und ausländische Hochschulinstitute mit Sonderaufgaben betraut: so zeichnet das Institut für Erdwissenschaften der Universität von Utrecht für Sedimentuntersuchungen der Strandwälle des Bodensees verantwortlich; das dendrochronologische Labor der Universität Hohenheim liefert grundlegende Daten für die Jahrringmessungen der Hölzer; das Labor für Vorgeschichtsbotanik der Universität Hohenheim führt Torf- und Faseruntersuchungen durch; Radiokarbondatierungen erstellt das Institut für Umweltphysik der Universität Heidelberg.

Rosgartenmuseum Konstanz

7750 Konstanz, Rosgartenstraße 3–5
Ein Teil der Bestände aus der bedeutendsten Pfahlbausammlung des Bodenseegebietes sind noch am originalen Aufstellungsort des 19. Jahrhunderts, in neugotischen Vitrinen zu sehen. Für den umfangreicheren, zu Zeit magazinierten Teil ist eine Neuaufstellung geplant. Die Sammlung wurde von Apotheker und Hofrat L. Leiner ab 1870 zusammengetragen und beherbergt Funde aus nahezu allen Ufersiedlungen des deutschen und schweizerischen Bodenseeufers, vor allem von Bodman, Konstanz, Hagnau, Unteruhldingen und Maurach.

Städtisches Heimatmuseum Überlingen

7770 Überlingen, Krummebergstraße 30
Die vor- und frühgeschichtliche Abteilung umfaßt vor allem eine große Pfahlbausammlung deren Bestände durch die Sammeltätigkeit von Medizinalrat Th. Lachmann ins 19. Jahrhundert zurückgehen. Die Fundorte Bodman und Sipplingen sind neben Immenstaad, Ludwigshafen, Maurach und Nußdorf besonders gut vertreten.

Pfahlbaumuseum Unteruhldingen

7771 Uhldingen-Mühlhofen, Ortsteil Unteruhldingen, Seepromenade 6
Freilichtmuseum mit lebensgroßen Nachbildungen von Häusern und Dorfanlagen der Jungsteinzeit und der Bronzezeit. Die unter der Leitung von Prof. Dr. H. Reinerth vor allem nach Ergebnissen der Federseegrabungen errichteten Rekonstruktionen spiegeln den Kenntnisstand der Jahre 1922–1939 wider. Das zugehörige Museumsgebäude enthält Originalfunde aus Bodensee-Ufersiedlungen, vor allem die Sammlungen von G. Sulger mit Funden aus Unteruhldingen. Von besonderer Bedeutung ist das ausgestellte Fundmaterial der Ausgrabung 1929/30 in Sipplingen.

Württembergisches Landesmuseum

7000 Stuttgart, Altes Schloß
Die umfangreiche archäologische Landessammlung enthält aus dem Bereich der Ufer- und Moorsiedlungen bronzezeitliche Funde aus Unteruhldingen und aus der Wasserburg Buchau, aus den jungsteinzeitlichen Siedlungen Riedschachen und Aichbühl am Federsee, aus Ehrenstein sowie vom Nordufer des Bodensees. Die Ausstellung der bronzezeitlichen Funde wurde 1986 neu eröffnet. Für die Steinzeitsammlung ist eine Wiedereröffnung 1988 vorgesehen.

Badisches Landesmuseum

7500 Karlsruhe, Schloß
Nur ein kleiner Teil der Fundbestände aus Bodensee-Ufersiedlungen, die u.a. auf die Ausgrabungen von K. Schumacher 1897/98 zurückgehen, ist derzeit in der Schausammlung zu sehen.

Federseemuseum

7952 Bad Buchau, Adolf-Gröber-Platz
Das Museum in einem 1968 eröffneten Neubau am Rand des Federseerieds ermöglicht einen chronologischen Rundgang durch die Vorgeschichte Oberschwabens. Aus den Federsee-Moorsiedlungen Aichbühl, Riedschachen, Dullenried und Wasserburg Buchau sind bedeutende Fundkomplexe ausgestellt. Daneben geben geologische Profile, altsteinzeitliche Funde von der

Schussenquelle, mittelsteinzeitliche Funde von den Randhöhen des Federsees und Einbäume einen Einblick in den landschaftlichen und archäologischen Reichtum des Moores.

Fürstlich Hohenzollersches Museum

7480 Sigmaringen, Schloß
Die vor- und frühgeschichtliche Sammlung – vor allem aus ehemals hohenzollerischem Gebiet – umfaßt einige Gefäße der Moorsiedlung Ruhestetten, zudem eine Kollektion von Fundstücken aus Wangen am Bodensee sowie aus der Moorsiedlung Robenhausen am Pfäffikersee, Kanton Zürich.

Prähistorische Abteilung des Ulmer Museums

7900 Ulm, Marktplatz 9
Hier befindet sich eine repräsentative Auswahl der Fundmaterialien, die O. Paret 1952 in der Siedlung Ehrenstein ausgegraben hat.
Neueröffnung voraussichtlich 1987.

Städtische Sammlungen Biberach

7950 Biberach an der Riß, Museumstraße 2
Das Museum enthält die zwischen 1905 und 1950 zusammengetragene Sammlung des Arztes H. Forschner mit bedeutenden Funden seiner Grabungen am Schreckensee, im Musbacher Ried und am Federsee.

Kleinere Sammlungen befinden sich in den Rathäusern von Wangen, Bodman, Sipplingen und Friedrichshafen.
Zur Zeit nicht zugänglich oder in Neuaufstellung begriffen sind Pfahlbaubestände in den heimatkundlichen Sammlungen von Gaienhofen, Radolfzell und Sipplingen.

Mit Hinweisen und Fundmeldungen wenden Sie sich am besten direkt an die Dienststellen des Landesdenkmalamtes Baden-Württemberg:

Archäologische Denkmalpflege
Außenstelle Freiburg
Marienstraße 10a
7800 Freiburg i. Br. (Tel. 07 61/2 05 27 81)

Archäologische Denkmalpflege
Außenstelle Tübingen
Schloß
7400 Tübingen (Tel. 0 70 71/2 29 90)

Arbeitsstelle für Pfahlbauarchäologie
Fischersteig 9
7766 Hemmenhofen am Bodensee (Tel. 0 77 35/12 25)

Literatur

H.-G. Bandi und K. Zimmermann, Pfahlbauromantik des 19. Jahrhunderts. Katalog Ausstellung Bern 1980, Zürich (1980).

K. Bertsch, Paläobotanische Monographie des Federseeriedes. Bibliotheca Botanica 103, Stuttgart (1931).

A. Billamboz und H. Schlichtherle, »Pfahlbauten« Urgeschichtliche Ufer und Moorsiedlungen. Kleine Schriften zur Kenntnis der Vorgeschichte Südwestdeutschlands 1, Stuttgart [2](1984).

A. Billamboz und H. Schlichtherle, Pfahlbauten, die ältesten Häuser in Seen und Mooren. In: Der Keltenfürst von Hochdorf – Methoden und Ergebnisse der Landesarchäologie. Katalog Ausstellung Stuttgart 1985 (1985) 247–266.

B. Dieckmann, Die neolithischen Ufersiedlungen von Hornstaad »Hörnle« am Bodensee, Kreis Konstanz. In: Archäologische Ausgrabungen in Baden-Württemberg 1984 (1985) 32–38.

A. R. Furger und F. Hartmann, Vor 5000 Jahren... So lebten unsre Vorfahren, Bern und Stuttgart (1983).

W.-U. Guyan, Die jungsteinzeitlichen Moordörfer im Weier bei Thayngen. Zeitschrift für schweizerische Archäologie und Kunstgeschichte 25, 1967, 1–39.

B. Huber und W. Holdheide, Jahrringchronologie Untersuchungen an Hölzern der bronzezeitlichen Wasserburg Buchau am Federsee. Berichte der Deutschen Botanischen Gesellschaft 60, 1942, 261–283.

125 Jahre Pfahlbauforschung. Sondernummer Archäologie der Schweiz, Jahrgang 2, Heft 1 (1979).

E. Keefer, Zum Fortgang der Untersuchungen in der bronzezeitlichen »Siedlung Forschner« bei Bad Buchau, Kreis Biberach. In: Archäologische Ausgrabungen in Baden-Württemebrg 1984 (1985) 46–48.

W. Kimmig, Feuchtbodensiedlungen in Mitteleuropa. Ein forschungsgeschichtlicher Überblick. Archäologisches Korrespondenzblatt 11, 1981, 1–14.

O. Paret, Das Steinzeitdorf Ehrenstein bei Ulm (Donau), Stuttgart (1955).

O. Paret, Der Untergang der Wasserburg Buchau, Zur Vorgeschichtsforschung am Federsee. Fundberichte aus Schwaben N. F. 10, Stuttgart (1941).

H. Reinerth, Das Federseemoor als Siedlungsland des Vorzeitmenschen, Leipzig [4](1929).

H. Reinerth, das Pfahldorf Sipplingen, Leipzig (1932).

M. Rösch, Zwei Moore des westlichen Bodenseegebiets als Zeugen prähistorischer Landschaftsentwicklung. Telma 16, 1986.

H. Schlichtherle, Probleme der archäologischen Denkmalpflege in den Seen und Mooren Baden-Württembergs. Denkmalpflege in Baden-Württemberg 14, 1985, 69–75.

G. Schöbel, Die spätbronzezeitliche Siedlung von Unteruhldingen, Bodenseekreis. In: Archäologische Ausgrabungen in Baden-Württemberg 1983 (1984) 71–74.

R. R. Schmidt, Jungsteinzeit-Siedlungen im Federseemoor, Augsburg (1930).

W. Staudacher, Die Verlandungsstadien des oberschwäbischen Federsees. Neues Jahrbuch für Mineralogie 50, 1924, Beilage.

Ch. Strahm, Das Pfahlbauproblem, Eine wissenschaftliche Kontroverse als Folge falscher Fragestellung. Germania 61, 1983, 353–360.

E. von Tröltsch, Die Pfahlbauten des Bodenseegebietes, Stuttgart (1902).

J. Köninger, Tauchsondagen in den Früh- bis mittelbronzezeitlichen Ufersiedlungen am Schachenhorn, Bodman- Ludwigshafen, Kreis Konstanz. In: Archäologische Ausgrabungen in Baden-Württemberg 1983 (1984) 67–68.

M. Kokabi, Jagd- und Haustiere zur Zeit der Pfahlbauten. In: Der Keltenfürst von Hochdorf – Methoden und Ergebnisse der Landesarchäologie. Katalog Ausstellung Stuttgart 1985 (1985) 267–271.

M. Kolb, Taucharchäologische Untersuchungen im Osthafen von Sipplingen, Bodenseekreis. In: Archäologische Ausgrabungen in Baden-Württemberg 1983 (1984) 62–64.

Landesdenkmalamt Baden-Württemberg (Hrsg.), Berichte zu Ufer- und Moorsiedlungen Südwestdeutschlands 1. Materialhefte zur Vor- und Frühgeschichte in Baden-Württemberg 4 (1984).

Landesdenkmalamt Baden-Württemberg (Hrsg.), Berichte zu Ufer- und Moorsiedlungen Südwestdeutschlands 2. Materialhefte zur Vor- und Frühgeschichte in Baden-Württemberg 7 (1985).

H. Liese-Kleiber, Pollenanalyse in der Ufersiedlung Hornstaad-Hörnle I. Untersuchungen zur Sedimentation, Vegetation und Wirtschaft in einer neolithischen Station am Bodensee. Materialhefte zur Vor- und Frühgeschichte in Baden-Württemberg 5 (1985).

M. Mainberger, Die Grabungskampagne 1983 im Schorrenried bei Reute, Stadt Bad Waldsee, Kreis Ravensburg. In: Archäologische Ausgrabungen in Baden-Württemberg 1983 (1984) 59–61.

Museo Civico di Storia Naturale Verona (Hrsg.), Palafitte: Mito e Raltá, Katalog Ausstellung Verona 1982 (1982).

P. Pétrequin, Gens de l'eau, gens de la terre. Ethnoarchéologie des communautés lacustres. Paris (1984).

E. Vogt, Pfahlbaustudien. In: W.-U. Guyan (Hrsg.), Das Pfahlbauproblem, Basel (1955) 119–219.

E. Wall, Der Federsee von der Eiszeit bis zur Gegenwart. In: W. Zimmermann (Hrsg.), Der Federsee, Ludwigsburg (1961) 228–315.

H. Zürn, Das jungsteinzeitalterliche Dorf Ehrenstein (Kreis Ulm) Ausgrabung 1960. Veröffentlichungen des Staatl. Amtes für Denkmalpflege Stuttgart Reihe A10/1–2 (1965, 1968).

Bildnachweis

Fotostudio Otto Kasper, Singen: Abb. 86–96, 123–128, 144–147, 149, 150, 200
Günther Sokolowski, Konstanz: Abb. 181 (38/3298) freigegeben vom Reg.-Präs. Freiburg
Westermann-Verlag, Braunschweig: Abb. 2

Alle nicht nachgewiesenen Abbildungen stammen vom Landesdenkmalamt Baden-Württemberg. Die Luftbilder wurden freigegeben vom Reg.-Präs. Stuttgart: Abb. 41 (000/38473), 42 (B 30112), 43 (B 22905), 44 (B 23002), 45 (B 26430), 201 (000/37774)

Register

Die Römer in Baden-Württemberg
Hrsg. von Ph. Filtzinger, D. Planck und B. Cämmerer. 732 S. mit 76 Tafeln, zum Teil in Farbe, 457 Abb., Zeichnungen und Karten. Leinen.
Das Standardwerk über die römische Epoche im heutigen Baden-Württemberg in dritter, völlig neu bearbeiteter Auflage.

Die Römer in Hessen
Hrsg. von D. Baatz und F.-R. Herrmann. 532 S. mit 486 Abb., zum Teil in Farbe, Zeichnungen, Kartenskizzen, Zeittafel, Orts-, Namen- und Sachregister. Leinen.
Alles Wissenswerte über die Römer in Hessen von der Besetzung um Christi Geburt bis zur Spätantike.

M. Grünewald
Die Römer in Worms
103 S. mit 82 Abb., 20,8 × 20,5 cm. Farbiger Einband.
Erstmals seit 100 Jahren wird in diesem reich bebilderten Buch das römische Worms beschrieben. Neue Grabungen werden ebenso erläutert wie kostbare Funde.

Das römische Neuss
Hrsg. von der Stadt Neuss. 192 S. mit 148 Abb., davon 24 in Farbe. Leinen.
Eine farbige Rekonstruktion der Geschichte des römischen Neuss in Text und Bild.

S. Junghans
Sweben – Alamannen und Rom
Die Anfänge schwäbisch-alemannischer Geschichte. 253 S. mit 22 Abb. Kunstleinen.
Vor dem sorgfältig ausgeleuchteten Hintergrund germanischen und römischen Friedens- und Kriegsalltags wird die aus antiken Quellen rekonstruierte Geschichte der swebisch-alamannischen Stammesverbände von der Zeit Cäsars bis zum Ende der Völkerwanderung wieder gegenwärtig.

E. Schallmayer
Der Odenwaldlimes
Die römische Grenze zwischen Main und Neckar.
144. S. mit 124 Abb., farbige Limeswanderkarte als Beilage. Farbiger Einband.

G. Ulbert/Th. Fischer
Der Limes in Bayern
Von Dinkelsbühl bis Eining.
120 S. mit 93 Abb., farbige Limeswanderkarte als Beilage. Farbiger Einband.

W. Beck/D. Planck
Der Limes in Südwestdeutschland
Limeswanderweg Main-Rems-Wörnitz. 148 S. mit 128 Abb. und Kartenskizzen, 15 Farbtafeln, farbige Limeswanderkarte als Beilage. Farbiger Einband.

B. Overbeck
Rom und die Germanen
Das Zeugnis der Münzen. 80 S. mit 344 Abb. Kartoniert.
Eine repräsentative Auswahl der römischen Münzen, die sich in irgendeiner Form auf die Germanen beziehen. Dem Thema ist ein Abschnitt »Das römische Heer« vorangestellt.

R. Christlein
Die Alamannen
Archäologie eines lebendigen Volkes. 298 S. mit 112 Tafeln, davon 54 in Farbe, 135 Zeichnungen und Karten im Text. 25 × 25,5 cm. Leinen.
Diese erste Archäologie der Alamannen bringt in Text und Bild einen Überblick über ihre Besiedlung und Erschließung des Landes, über Tracht, Bewaffnung und Schmuck, Wirtschaft und Gesellschaft, Glaube und Aberglaube.

W. Menghin
Die Langobarden
Archäologie und Geschichte.
260 S. mit 45 Abb. auf 24 Farbtafeln und 191 Abb., Karten und Rekonstruktionszeichnungen im Text sowie einer farbigen Karte auf dem Vorsatz.
25 × 25,5 cm. Kunstleinen.

J. Biel
Der Keltenfürst von Hochdorf
172 S. mit 70 Abb. auf 48 Farbtafeln sowie 91 Textabb. 25 × 25,5 cm. Kunstleinen.
Der große Bild- und Textband über den Hochdorfer Jahrhundertfund. Jörg Biel, der die Ausgrabungen und die Untersuchungen des zweieinhalbtausend Jahre alten keltischen Fürstengrabs leitete, schildert die Entdekkung und die Ausgrabung dieses weltweit Aufsehen erregenden Fundes, stellt ihn in seinen archäologischen Zusammenhang und berichtet über die neuen Erkenntnisse aus diesem Fund.

Der Keltenfürst von Hochdorf. Methoden und Ergebnisse der Landesarchäologie
Hrsg. vom Landesdenkmalamt Baden-Württemberg. 512 S. mit 773 Abb., davon 105 in Farbe. 21,5 × 22,5 cm. Farbiger Einband.
Katalog zur gleichnamigen Landesausstellung in Stuttgart 1985. Eine umfassende Dokumentation der Arbeit der Archäologischen Denkmalpflege der letzten Jahre.

Die Kelten in Baden-Württemberg
Hrsg. von K. Bittel, W. Kimmig und S. Schiek. 536 S. mit 438 Abb., davon 30 in Farbe, Plänen, Karten, Zeichnungen. Leinen.
Die Gesamtdarstellung der Kelten in Südwestdeutschland, ihrer Geschichte, Kultur und Kunst mit einer Übersicht aller wichtigen Grabungen, Funde und Bodendenkmäler.

R. Christlein/O. Braasch
Das unterirdische Bayern
7000 Jahre Geschichte und Archäologie im Luftbild. 272 S. mit 80 Farbtafeln, 100 Abb., Plänen und Rekonstruktionszeichnungen. 25 × 25,5 cm. Leinen im Schuber.

Archäologie
im Theiss Verlag

H. Roth
Kunst und Handwerk im frühen Mittelalter
Archäologische Zeugnisse von Childerich I. bis zu Karl dem Großen.
320 S. mit 52 Textabb. und 112 Tafeln, davon 52 in Farbe. 25 × 25,5 cm. Leinen.
Eine zusammenfassende Darstellung von Kunst und Handwerk im Europa des 5. bis 9. Jh. und ihrer Einbettung in Leben und Alltag der damaligen Zeit.

B. Ziegler
Der schwäbische Lindwurm
Funde aus der Urzeit. 160 S. mit 130 Abb. und 21 Farbtafeln. Kunstleinen.
Faszinierende Urzeit: Eine umfassende Dokumentation der Fossilien, die der Boden Südwestdeutschlands bewahrt hat, ihre Fundorte und ihre Entdeckung.

Urgeschichte in Baden-Württemberg
Hrsg. von H. Müller-Beck. 548 S. mit 270 teils farbigen Abb., Rekonstruktionszeichnungen und Kartenskizzen. Leinen.
Die Geschichte des Menschen von seinen Anfängen, Veränderung der Landschaft, Entwicklung der Flora und Fauna während des Eiszeitalters in Südwestdeutschland sind die großen Themen dieses Sachbuches.

D. Kapff
Römer, Rätsel und Ruinen
Ausflüge in die heimatliche Archäologie. 128 S. mit 16 Kartenskizzen und 34 Fotos. Kartoniert.

Archäologie
im Theiss Verlag

Archäologische Ausgrabungen in Baden-Württemberg

Hrsg. vom Landesdenkmalamt. Ein Jahrbuch aus der Feder bekannter Landesarchäologen aus allen Teilen Baden-Württembergs, das in zahlreichen Beiträgen mit vielen Fotos, Plänen und Zeichnungen die neuesten Ergebnisse der Landesarchäologie von der Altsteinzeit bis zum Mittelalter der Öffentlichkeit übersichtlich und verständlich vorstellt.
Das Jahrbuch erscheint in dieser Form seit 1981.

Das archäologische Jahr in Bayern

Hrsg. von der Abt. Vor- und Frühgeschichte des Bayerischen Landesamtes für Denkmalpflege und der Gesellschaft für Archäologie in Bayern. Ein Jahrbuch, das über die neuesten Ergebnisse der Landesarchäologie berichtet.
Das Jahrbuch erscheint seit 1980.

M. Klee
Archäologie-Führer Baden-Württemberg

238 S. mit 148 Abb. und Karten. 11 × 17,4 cm. Fester farbiger Einband. 73 Ausflüge in die Archäologie Baden-Württembergs zu gut erhaltenen und restaurierten archäologischen Denkmälern. Mit einer kurzen Einführung in die Vor- und Frühgeschichte des Landes, ergänzt durch eine Zeittafel.

Konservierte Geschichte?

Antike Bauten und ihre Erhaltung. Hrsg. G. Ulbert/G. Weber. 300 S. mit 60 Tafeln, 60 Zeichnungen und Plänen im Text. Kunstleinen.

Führer zu archäologischen Denkmälern in Deutschland

Hrsg. vom Nordwestdeutschen und dem West- und Süddeutschen Verband für Altertumsforschung.
Die Vergangenheit erlebbar machen, sie wieder zu entdecken in der nahen Umgebung, z. B. auf einer Wanderung, ist das Anliegen dieser Buchreihe. Die reiche Ausstattung mit Fotos, Zeichnungen und Lageplänen erleichtert es wesentlich, die Objekte aufzuspüren.
Der ständige Ausbau der Reihe durch die Herausgeber garantiert dem Abonnenten eine umfassende Bibliothek über die Zeugnisse der Geschichte und Archäologie in unserem Lande. Bestellen Sie die Buchreihe zum günstigen Fortsetzungspreis.

Bisher sind erschienen, die Reihe wird laufend ergänzt:

Band 1: **Kreis Herzogtum Lauenburg I**
Einführende Aufsätze, Exkursion I.

Band 2: **Kreis Herzogtum Lauenburg II**
Exkursion II–IV.

Band 3: **Tübingen und das Obere Gäu**
Tübingen – Rottenburg – Nagold – Herrenberg.

Band 4: **Landkreis Rotenburg (Wümme)**

Band 5: **Regensburg – Kelheim – Straubing I**
Siedlungsgeschichte.

Band 6: **Regensburg – Kelheim – Straubing II**
Bau- und Bodendenkmäler.

Band 7: **Stadt und Landkreis Kassel**

Band 8: **Der Schwalm-Eder-Kreis**

Band 9: **Landkreis Soltau-Fallingbostel**

Band 10: **Der Kreis Lippe I**
Einführende Aufsätze.

Band 11: **Der Kreis Lippe II**
Exkursionen.

Band 12: **Koblenz und der Kreis Mayen-Koblenz**

Band 13: **Hannoversches Wendland**

Reihe »Forschungen und Berichte zur Vor- und Frühgeschichte in Baden-Württemberg«

Hrsg. vom Landesdenkmalamt Baden-Württemberg. Die Bände der hier vorgestellten wissenschaftlichen Buchreihe »Forschungen und Berichte zur Vor- und Frühgeschichte in Baden-Württemberg« sind größtenteils Monographien mit den wissenschaftlichen Ergebnissen einzelner Grabungen des Landesdenkmalamtes Baden-Württemberg.

Die Reihe umfaßt zur Zeit 22 Titel, zuletzt sind erschienen:

Band 18: M. Klee
Arae Flaviae III
Der Nordvicus von Arae Flaviae.

Band 19: Körber-Grohne/H. Küster
Hochdorf I

Band 20: **Studien zu den Militärgrenzen Roms III**
Vorträge des 13. Internationalen Limeskongresses Aalen 1983.

Band 21: A. von Schnurbein
Das alamannische Gräberfeld bei Fridingen (Kr. Tuttlingen)

Band 22: G. Fingerlin
Dangstetten I
Katalog der Funde, Fundstellen 1–603.

Die Zeitschrift für den historisch und archäologisch interessierten Leser

Archäologie in Deutschland

● Archäologie in Deutschland bringt aktuelle Berichte über neue Funde in unserer Heimat, über Denkmäler in Gefahr und gerettete Denkmäler, mit Tips für Museen, für archäologische Wanderungen und Ausstellungen.

● Archäologie in Deutschland informiert über die Ergebnisse der Forschung mit grundlegenden spannenden Berichten zur Archäologie und Kulturgeschichte der Menschheit.

● Archäologie in Deutschland ist von Fachleuten für interessierte Bürger geschrieben.

● Archäologie in Deutschland. Jedes Heft widmet sich einem Schwerpunktthema der Archäologie und Geschichte und enthält darüber hinaus aktuelle Nachrichten und Problemfälle und berichtet über die neuesten Funde.

● Archäologie in Deutschland erscheint vierteljährlich. Format 21 × 28 cm. Ca. 48 S. mit zahlreichen, großenteils farbigen Abb.

Herausgeber: Professor Dr. Hugo Borger, Generaldirektor der Museen der Stadt Köln.
Dr. Renate Eichholz, Westdeutscher Rundfunk Köln.
Dr. Dieter Planck, Leiter der Archäologischen Denkmalpflege, Landesdenkmalamt Baden-Württemberg, Stuttgart.
Dr. Joachim Reichstein, Leiter des Landesamts für Vor- und Frühgeschichte von Schleswig-Holstein, Schleswig.
Dr. Willi Kramer, Landesamt für Vor- und Frühgeschichte von Schleswig-Holstein in Verbindung mit dem Verband der Landesarchäologen in der Bundesrepublik Deutschland.